# 乡村设计叙事

## 新时期大学生乡村规划设计教学探索

邵亦文 孙 瑶 著

中国建材工业出版社

图书在版编目（CIP）数据

乡村设计叙事：新时期大学生乡村规划设计教学探索 / 邵亦文，孙瑶著 . -- 北京：中国建材工业出版社，2023.6

ISBN 978-7-5160-3681-5

Ⅰ . ①乡… Ⅱ . ①邵… ②孙… Ⅲ . ①乡村规划－中国－教学研究－高等学校 Ⅳ . ① TU982.29

中国国家版本馆 CIP 数据核字（2023）第 003112 号

**乡村设计叙事**
**新时期大学生乡村规划设计教学探索**
XIANGCUN SHEJI XUSHI
XINSHIQI DAXUESHENG XIANGCUN GUIHUA SHEJI JIAOXUE TANSUO
邵亦文　孙　瑶　著

出版发行：中国建材工业出版社
地　　址：北京市海淀区三里河路 11 号
邮政编码：100831
经　　销：全国各地新华书店
印　　刷：北京印刷集团有限责任公司
开　　本：787mm×1092mm　1/16
印　　张：11
字　　数：200 千字
版　　次：2023 年 6 月第 1 版
印　　次：2023 年 6 月第 1 次
**定　　价：60.00 元**

**本社网址：www.jccbs.com，微信公众号：zgjcgycbs**

# 前　言

在规划设计领域，与我们相对熟悉的城市相比，乡村是一个全新的锻炼场，因而需要新的知识基础和技能训练，也需要新的思路方法和教学智慧。虽然在现有的培养体系下，师生深入乡村进行全要素、全流程、全方位课程教学的条件仍不成熟，但深圳大学与暨南大学两校还是创造有利条件帮助学生迈开乡村规划设计的第一步。经过几年实践，其课程设置和教学安排羽翼渐丰，参与的同学也展现出令人惊喜的热情，他们付出努力并取得了进步。将这些成长过程记录下来，让更多人知晓，成为出版本书的主要动因。

本书所呈现出来的内容，均来自近年来深圳大学建筑与城市规划学院城乡规划学科和暨南大学深圳旅游学院风景园林学科在乡村规划设计教学上的新探索，亦是两校尝试将国家乡村振兴战略要求融入城乡规划和风景园林本科生课程教学的阶段性成果。

本书的出版受益于深圳大学青年教师科研启动项目（课题名称：城市边缘区的空间演变规律及其动力机制研究，项目编号：QNJS-201903031）、国家自然科学基金委员会青年科学基金项目（项目批准号：51908362、51908243）的大力支持。

在此，特别感谢深圳大学杨晓春、高文秀、辜智慧、张艳、李云、刘倩、陈宏胜、陈义勇等老师，以及暨南大学林丹、孙成、郑权一、黄俊武等老师在课程组织和课程教学上的工作，感谢张彤彤、龚志渊、朱海和等校内外老师的热心指导和精彩点评。感谢深圳市城市规划设计研究院股份有限公司、中国城市规划设计研究院深圳分院、深圳市城市空间规划建筑设计有限公司、深圳市城邦城市规划设计有限公司和河源市深大湾区研究院等提供的技术和资金支持，感谢各地方政府相关部门、自然资源和规划系统以及村民委员会提供的调研便利。

本书第一著者的研究生谢雪苗、王炜乐和刘雄峰参与了本书的案例分析、整理编排和统稿校对工作，王杰、胡锐、李浩宜和王昭熙参与了部分案例和第二章初稿的撰写工作。

书中一些图，由于其特殊性，多为展示效果图，如需清晰大图可扫下方二维码查看。

由于著者日常教学科研任务繁忙，致成书仓促，也受个人认知水平和能力所限，书中缺漏和不成熟之处难以避免，还望各位读者批评指正，也欢迎多提改进意见（电子邮箱：yiwenshao@szu.edu.cn）。

（部分清晰插图可扫描此二维码）

著　者

2023 年 2 月

# 目　录

# 第一章　绪论

## 第一节　大学生乡村规划设计的教与学

### 一、国内高校乡村规划设计课程的开展情况

受我国长期的城乡二元社会经济运行机制的影响，国内高校规划相关专业针对城市发展规律及其规划的教育和实践体系相对完整，但对乡村研究和乡村规划设计一直缺乏应有的重视。自 2008 年《中华人民共和国城乡规划法》施行和 2011 年“城乡规划学”被设立为一级学科以来，规划专业的人才培养才开始将目光投向广大的乡村地域。2017 年十九大报告提出“乡村振兴”战略，探索城乡并举的融合发展模式，并明确了乡村振兴的目标与路径，成为引领全国乡村发展建设工作的总纲领。在这样的时代背景下，各高校城乡规划学科纷纷改革课程体系，调整教学方式，提高以乡村为研究设计客体的教学时长和比重。

目前，国内高校的规划相关专业已开设了乡村规划教学，所设课程一般分为四大类别：①单独开设乡村规划原理类课程，帮助学生全面了解乡村发展特征、乡村规划理论、基本内容和编制方法，为规划设计实操奠定理论基础；②在区域规划、城镇总体规划或市政基础设施规划等相关课程中增加乡村发展和城乡统筹的内容；③和建筑、景观、土管、地信等专业合作开设以乡村为背景的联合课程，以专家讲座为主要授课方式；④一般在本科高年级开设乡村规划设计类课程，选定合适的乡村型设计基地，要求形成一套规划设计方案，提交乡村发展专题调研报告、乡村规划文本和设计图纸等成果[1]。

以同济大学（以下简称同济）为例，该校乡村研究工作始于 20 世纪 90 年代，是最早介入乡村规划和研究的高校。同济一直延续自身注重理论和实践结合的教学体系，将乡村规划课程体系分为原理教学（三年级下学期）、相关课程讲授和乡村规划设计（四

年级上学期）三个部分。同济结合城市总体规划课程，从总体规划乡镇中选取村庄作为乡村规划设计基地，进行调研、分析和设计三位一体训练；乡村规划和总体规划调研结合进行，学生小组和教学团队成员保持一致，但设立独立课时。乡村调研内容从村域范围入手研究自然资源、社会经济、人居环境和历史保护等方面，乡村规划也在传统设计要求上增加区域资源分配、设施规划和景观风貌整治等内容[2]。西安建筑科技大学（以下简称西建大）于2016年起对乡村规划教学体系进行调整，理论教学部分设置乡村规划原理必修课程、乡土建筑与聚落选修课程和结合教师研究方向的乡村研究专题课程，实践教学部分则依托本科生毕业设计课程展开，分为业务实践、认知实习和规划设计三个阶段，课程类型多，教学周期长，保证了学生对乡村地域的认知[3]。西建大充分利用地缘优势，研讨西北地区脆弱自然生态环境下的乡村人居环境、农民生计条件、乡村历史文化遗产保护等议题，取得了不俗的教学成绩[4]。另外，西建大还与其他高校合作组建毕业设计联盟，开设学术交流活动，教学研究覆盖西北、西南、华中、华东各地区的不同类型乡村。苏州科技大学（以下简称苏科大）紧密结合太湖平原水网地带乡村的地域特征和苏南城镇化发展的现实需求，通过实践探索和创新培养，构建起独具一格的乡村规划设计课程体系。具体而言，苏科大的乡村规划设计课程群在教学内容上讲授乡村经济、乡土社会、城乡生态等多层面内容，增大实践教学比重，促进学生实践能力培养；在教学模式上结合大学生科研创新训练、假期社会实践和学科竞赛等相关活动，探索校政、校企、校际联合的多主体、多样化乡村规划教学模式。苏科大积极搭建教学平台，建成苏州城乡一体化改革发展研究院、乡村规划建设研究与人才培养协同创新中心，为乡村规划设计课程提供了充足的实训机会[5]。

通过对以上三个代表性规划类院校的简要分析，我们可以发现目前各高校都在积极推进乡村规划设计教学改革，逐渐形成各具特色的课程体系，其共性做法包括：一方面通过多主体联合教学和学术交流等方式，尽可能夯实学生的认知基础和扩大学生的认知视野；另一方面，通过搭建教研平台和建立实践基地，增加学生参与实训的机会，培养学生处理不同地域乡村问题的综合能力。整体而言，为满足国家对乡村规划建设人才培养的需求，我国各院校乡村规划课程体系尚处于不断探索与调整阶段。乡村规划教育是一个持久的课题，在实际操作中仍然面临诸多问题，需要进一步观察和探讨。

## 二、乡村规划设计课程教学的难点和痛点

随着中国城镇化进程进入下半场，城乡二元结构下发展累积起来的城乡差距需要

逐步弥合，基础设施和公共服务设施需要一体化统筹，在国土空间规划大框架下，城乡融合将成为未来一段时间的工作重心；同时，得益于经济增长带来的社会整体进步和生活方式升级，无论是城市空间还是乡村空间都在发生变化，由此带来了全新的设计需求。这些新趋势都向高校规划设计教学提出了更高层次的要求。

然而，在教学实操中，由于我国规划相关专业长期以来建立的在城市语境中的培养方法和教学思路短时间内很难转变，以乡村为客体开展规划设计教学尚有很大提升空间，其中如下几个问题显得尤为突出[6]。①乡村认知不足：当今大多数师生都缺乏在乡村长期工作生活的经历，对于乡村的理解较为概略粗浅，因而在规定教学时间内形成对乡村基地的全方位认知，进而提出契合当地需求的规划设计方案是一个不小的挑战。②乡村知识体系不健全：与城市规划设计建立在城市研究的基础上一样，理想的乡村规划设计也需要建立在乡村研究的基础上。乡村规划设计教学需要通过一门或者少数几门课程，将多学科融通的乡村知识体系，以符合一般认知规律的方式传授给学生，其困难程度可想而知。③乡村特色忽视：乡村是一个复杂多样的地理空间，既集合了包罗万象的自然要素，也分布着多姿多彩的人类聚落。乡村不仅与城市相比存在显著的内在和外在差异，由于我国地域辽阔，不同类型的乡村之间也千差万别。在实际教学过程中生搬硬套城市规划的教学模式，往往容易忽视不同乡村发展的独特性。④理论研究滞后：近年乡村建设发展日新月异，相比之下乡村研究方兴未艾，呈现出一定的滞后性，不能有效地支援教学工作。⑤实践教学开展困难：乡村规划设计是一门实践性很强的综合课程，但受场地、教学时间、调研经费、出行安全、疫情防控等各方面掣肘，课程难以持续性高水平开展，导致影响教学效果。

从学的角度而言，通过对城乡规划专业学生的访谈和课题观察，我们发现一些现象阻碍了学生对于乡村规划设计的学习热情。首先，在课程安排上，五年制规划专业学生一般在二年级接受乡村规划原理或城乡概论理论课程的学习（有些学校甚至没有设置相关理论课程），而乡村规划设计实践课程则多在四年级开展，从理论至实践相隔时间较长，导致两者之间缺乏必要的互动基础，在设计阶段自然无法做到知行合一。其次，由于专业师资配备不均衡和教学支持不足，学生普遍反映课程的获得感不强，很多内容要靠自己领悟，很多创新想法无法验证，很多困惑也无法得到解答。再次，受到一部分课程教学要求的影响和成果评价标准的驱使，学生在乡村规划设计中往往更注重图面效果表达，甚至直接照搬照抄其他规划方案，缺乏对村庄本身特征的深入思考，没有形成自己的分析逻辑和分析框架，导致设计内核空洞和设计成果趋同。这些教学方面长期存在的问题要求我们持续思考，结合大学生的认知特点探索新的乡村规划设计教学体系。

## 三、本书的立意与体例

本书综合展示了深圳大学城乡规划专业和暨南大学风景园林专业乡村规划设计课程部分小组的教学经验和教学成果，从某种意义上算是对于以上痛点难点的初步回应。近年来两校的设计基地以珠江三角洲为核心，逐步延伸到湖南、福建和海南等邻近省份，涵盖各具特点的典型乡村类型：既有处在快速城镇化地区、面临发展和保护之间剧烈冲突抉择的乡村，也有处于区域边缘、面临人口流失和经济衰退困境的乡村；既有产业基础较好、具有稀缺性旅游吸引物的乡村，也有缺少直接资源、需要进一步挖掘潜力探索发展新路径的乡村（图 1-1）。两校师生从各自专业的视角出发，结合个性化的认知和理解，通过细致的调研分析和大胆的构想表达，描绘了新型城镇化城乡融合背景下不同类型乡村的发展蓝图。出版此书一方面是对过去数年工作的回顾、梳理和总结；另一方面也想借此促成乡村规划设计教学上的探讨，以更好地启迪未来。

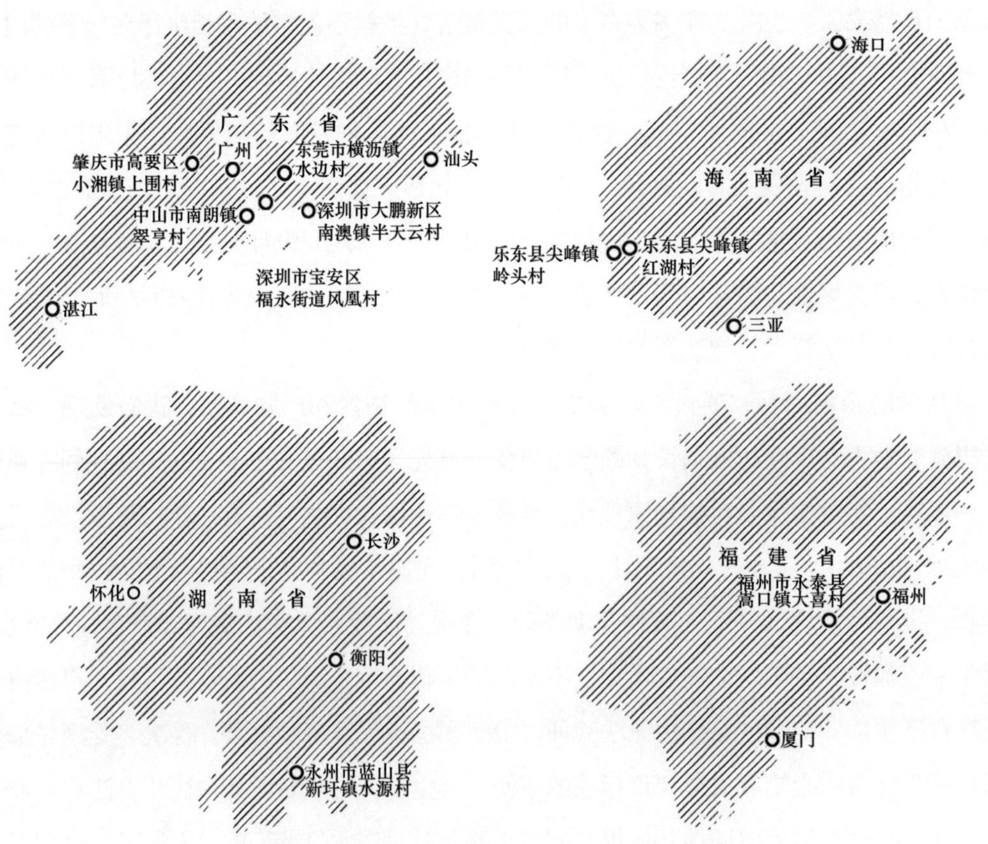


图 1-1　深圳大学、暨南大学乡村规划设计课程基地的地理位置

随着全社会对乡村发展问题关注的全面升温，现在市面上已有不少相关书籍从学术探索、政策研究、标准规范、开发模式等不同视角，发表对乡村规划设计的真知灼见。在教学方面，亦有一些方案竞赛获奖作品集、工作坊经验和课程教学成果汇集出版。与其他同类型编著相比，本书具有如下几个鲜明特征：

第一，本书结合教研理论探索和实践案例展示。我们一方面希望呈现全新政策和社会发展背景下，两校对于乡村规划设计教学的理念思路、设置安排和感想体会，这些内容集中体现在本章第二节、第三节和第二章之中；另一方面，经过若干年师生的共同努力，形成了一些初步的设计方案和教学成果，这些内容主要反映在第三至第六章之中。通过兼顾两方面内容，本书的目标读者不仅包括乡村规划设计相关课程的授课教师，也包括参与这些课程的大学生以及对乡村规划设计课题感兴趣的从业人员和普通大众。

第二，本书关注乡村规划设计课程教学的全过程。与城市相比，乡村的多样性是其活力的源泉，也是支撑其规划设计方案的宝贵财富。乡村规划设计方案需要充分发掘乡村的差异化价值，今后城乡之间、乡村和乡村之间应该力求做到“有差异无差距”。对于规划相关专业，教学计划中的绝大多数课程都面向城市问题，学生需要掌握的知识和技巧基本上都是基于城市语境。在这样的培养体系内，仅通过开设一两门乡村规划设计课程来初步完成从输入到内化再到输出的过程，任务重、时间紧，因而无论是教师还是学生都需要为之付出更多的努力。在具体教学中，我们积极鼓励引导学生用自己的视角去发现问题、探讨问题、解释问题和应对问题。本书的编写体例也充分体现出这一特点：我们把教学探索和方案介绍分为了认知乡村、分析乡村、设计立题和空间叙事四大部分，环环相扣，层层深入。读者通过阅读本书，不仅可以“知其然”，看到方案的最终样貌，更可以“知其所以然”，了解这些方案形成背后的整个思考过程。

第三，本书不完全是所谓“优秀方案”的合集。目前教材市场上的学生作品集或教学成果集林林总总，但展示的普遍是乡村规划设计的优秀案例或者获奖成果。这些方案的闪光点各有千秋，但总结起来是因为参与实践的学生综合能力较强。然而，在课程教学中，我们经常会遇到不同类型的学生组合，会收到综合表现存在差异的作业方案。这些作业可能在某一方面表现较好，在另一方面表现则有待提高；这反映出学生们对于有些问题的理解较深，在另一些问题上则缺少合理适当的思路和方法。以上种种都是在教学过程中存在的非常正常的现象，不意味着这些无缘竞赛获奖或教学评优的方案就没有闪光点和参考借鉴价值。因此，本书在充分尊重教学规律的前提下，把这些以往隐而不见的内容和盘托出，每个章节末尾对方案的可取和不足之处加以简要点评，并留给读者一起进行思考的余地。

## 第二节　深圳大学的乡村规划设计课程

### 一、开设背景和教学目标

乡村振兴战略的提出不仅对未来乡村地域的发展起到引领作用，也对城乡规划学科发展产生方向性的重大变化。当今我国乡村发展面临着多重挑战，社会急需具备乡村规划知识体系的专业人才。规划专业教学也需要在教学目标和课程设置等方面进行一系列调整，以适应这一变化趋势。2018 年下半年，深圳大学（以下简称深大）规划专业首次将乡村规划设计实践纳入设计主干课程，进行了有益的教学尝试。与城市规划相比，乡村规划在方式方法上存在很大的差异。学生多为城市生源，少有乡村地域的生活经历，因而非常缺乏对乡村的了解。在教学过程中，为了避免学生采用以城市为中心的思维方式处理乡村问题，教学团队明确了以城乡差异为切入点开展教学实践。我们结合乡村振兴战略的实施要求，多方着手帮助学生认知乡村，理解城乡差异的表征和动因，并思考城乡融合发展的意义和内涵。

我国长期以来的城乡二元结构造成了乡村发展与城市发展的差距。“城乡差异”不仅体现在物质空间环境上，还体现在生产生活、土地产权和社会治理等诸多方面。这些方面决定了乡村规划在规划理念和方法上均无法简单套用城市规划的模式。不仅如此，位于不同地域的乡村之间的差异也非常显著。因此，针对不同的乡村案例，需要在充分理解这些差异的基础上，根据地域文化特征、经济发展阶段、产业特色和人文景观等因素进行全盘考虑。课程的教学目标分为理论和实践两个层次。在理论层次上，课程旨在帮助学生厘清乡村与城市在资产属性和运作模式上存在的差异。相对于城市建设有着相对明确的专业化分工和固定流程，乡村往往呈现出规划、建设、管理和运营四位一体的特征。在实践层次上，课程鼓励学生针对具体个案从区域关系、空间形态、产业发展、历史文化、生态环境和社会发展等诸多方面进行扎实调研与深入研究，感悟乡村与城市的差异。在此基础上，以乡村振兴战略的产业、生态、文化和人才四个振兴为目标，将村庄禀赋、政策支撑和预期目标等进行统筹考量，体现规划设计的综合性和全过程性[7]。

## 二、课程设置和教学安排

深大本科生乡村相关课程包括面向建筑—规划—景观大类二年级学生的“城乡概论”理论课程和面向城乡规划专业四年级学生的“乡村规划设计”实践课程。其中后者又可进一步划分为“暑期乡村调研实习课程”（1 周）、“规划与设计 3（乡村规划）”（8 周）两大部分，由同一批教师和学生参与课程。暑期乡村调研实习课程安排在三年级向四年级过渡的暑假，一般在开学前一周进行，师生一起前往基地乡村进行深入调研，了解村庄自然资源、产业发展、用地建设、历史文化、社会生活和发展诉求等，为课程设计打下基础；规划与设计 3（乡村规划）的教学时长安排为 8 周，每周 2 次计 8 节课，该课程又分为两个阶段，前 3 周为现状分析与调研报告撰写阶段，后 5 周为村庄发展策划与规划方案设计阶段（表 1-1）。

**表 1-1　深大乡村规划设计相关课程的教学安排**

| 环节 | 教学时长 | 教学内容 |
| --- | --- | --- |
| 乡村调研实习 | 1周，一般安排在暑期进行 | ■ 进行村庄实地踏勘，形成乡村认知<br>■ 对村委和村民代表进行访谈，深入了解乡村发展瓶颈和愿望诉求<br>■ 进行基础资料内业整理 |
| 现状分析与调研报告撰写 | 3周 | ■ 对乡村发展现状问题进行系统分析<br>■ 撰写调研报告，初步形成方向性思路<br>■ 进行大组汇报 |
| 村庄发展策划与规划设计 | 5周 | ■ 对村庄发展进行整体构思立题<br>■ 根据主题，进行案例研究<br>■ 形成空间策略大纲<br>■ 提出规划设计草案，并根据要点内容进行深化，完善空间叙事手法<br>■ 进行规划设计表达和图纸绘制<br>■ 进行大组规划设计方案答辩，并根据反馈意见进行修改和提交最终正图 |

“规划与设计 3（乡村规划）”是深大规划专业三、四年级设计主干课的系列课程，其前序设计课程为“规划与设计 1（场地规划）”“规划与设计 2（居住区规划）”，后序设计课程为“规划与设计 4（城市设计）”；另外，规划与设计 3（乡村规划）还与四年级上学期的“小城镇国土空间总体规划”课程进行结合教学，增强学生对于城乡差异的认知和理解。教学组织上，一般由 3~5 名学生组成小组，每位设计课教师分别指导 2~3 个小组，另有 2 位教师担任技术顾问和特别辅导；日常教学在小组内进行，每到重要的

时间节点定期举行大组汇报和答辩。我们鼓励学生参与全国高等院校城乡规划专业大学生乡村规划方案竞赛，至今，先后已有多组学生获奖，获得了专家的好评和社会各界的关注。

## 三、教学特色

虽然深大乡村规划设计课程设立时间不长，还处于不断学习调整阶段，但围绕“城乡差异”的主题，在教学团队和学生小组的共同努力下，已经初步呈现出以下教学特色：

第一，通过实地调研获取城乡差异的第一手认知体验（图 1-2）。现场调研可以给予学生最直观的感受，深化对于城乡差异的理解。我们要求每组学生针对所选村庄，从广域、村域和集中居民点三个空间层次展开调查研究：①广域层次，重点调研村庄区位特征、区域历史文化背景、与周边和所属镇的产业交通联系等内容；②村域层次，重点调研村庄自然资源、生态环境和产业发展特征；③集中居民点层次，重点调研人口状况、开发建设状况、历史文化遗存和社会生活习惯等。在对现场进行详细踏勘的基础上，对村干部进行访谈，对村民进行详细的问卷调查，以了解村庄及村民对发展的诉求[7]。基于现状调研的内容，要求每组学生发现村庄发展中的主要问题和可利用的资源，提出可能的开发利用方式，并撰写现状调研报告。为了做好调研工作，教学团队积极与深圳大学城市规划设计研究院、深圳市城市规划设计研究院、深圳市城市空间规划建筑设计有限公司和深圳市城邦城市规划设计有限公司等规划设计机构展开合作，寻求基地选址和调研支持；依托住房和城乡建设部全国小城镇调查工作和校村联动对口帮扶项目等机会，丰富学生认知体验，增强服务社会的意识和能力。

图 1-2　深圳大学乡村规划设计课程田野调研场景

第二，通过穿插专题讲座帮助学生理解城乡差异背后的影响因素和运行机制，进一步引导学生思考达成“有差异无差距”的城乡融合目标的路径方法。为了实现理论和实践的有机结合，教学中以专题讲座和经验分享的形式，有针对性地补充日常授课的理论短板。课程先后邀请住房和城乡建设部科学技术委员会农房与村镇建设专业委员会主任委员何兴华、同济李京生教授和栾峰教授、苏科大范凌云教授、“古村之友”创始人汤敏等嘉宾开设专题讲座；邀请来自广东省城乡规划设计研究院有限责任公司、深圳市城市规划设计研究院股份有限公司、深圳市蕾奥规划设计咨询股份有限公司、浙江茗苑旅游规划设计研究中心有限公司、大马设计等规划设计机构的一线规划师分享实践案例；利用深圳大学建筑—规划—景观专业群大平台，邀请课程任课教师以外的教师参与经验分享（图 1-3）。这些讲座分享从宏观的普适性原理到微观的针对性个案，依照学生方案进度设置，紧扣阶段性学习需求，因而相比一般的纯理论课程更受欢迎，更易发挥教学效果。

图 1–3　深圳大学乡村规划设计课程讲座宣传海报

第三，通过日常小组指导与定期大组汇报点评结合的方式，强化城乡差异化特色，并找寻弥合城乡差距的创新思路。小组指导遵循认知乡村—分析乡村—设计立题—空间叙事的教学顺序，鼓励挖掘并发挥多样化的乡村禀赋，训练学生的逻辑推演能力和综合表达能力。大组汇报分别设置在调研报告完成、立题构思及策略大纲完成、最终规划设计方案提出三个重要的时间节点，邀请课内外教师和资深规划设计师一起，从构思对问题的回应程度、设计深度和方案可落地性等角度展开评价。现状调研报告汇报要求以PPT演示文稿的形式，构思策略汇报要求以PPT演示文稿辅以A3草图形式，方案终期汇报要求以4张A1图纸形式呈现。另外，我们还尝试引入不同小组之间的互评比选，促使学生换位思考不同基地的特征，从不同视角强化学生对于城乡差异和乡村之间差异的认知，并反思本组规划设计方案的可行性和合理性（图1-4）。

图1–4　深圳大学乡村规划设计课程教学评图场景

## 第三节　暨南大学的乡村规划设计课程

### 一、开设背景和教学目标

暨南大学（以下简称暨大）的乡村规划设计相关课程开设在四年制风景园林专业下，是近年新兴的设计能力提升板块。暨大风景园林专业隶属于深圳旅游学院旅游管理系，旨在培养兼具旅游目的地管理和规划景观设计能力的复合化专业技术人才，每届招收 30 名左右本科生。课程的开设既是为了响应国家乡村建设的时代主题，也是为了适应乡村旅游开发的热潮，以乡村为规划设计对象丰富学生多元化的学习体验。

2013 年“美丽乡村”建设目标提出，着眼于营造整洁有序的乡村物质空间环境。在此背景下，暨大风景园林专业教学团队开始尝试在“设计专题”课程中设置岭南乡村发展、乡村风貌提升和乡村景观设计等专题模块，并以工作坊的教学形式指导学生体验乡村规划设计的操作流程。从严格意义上讲，这一阶段的教学探索主要在于引导学生思考如何美化乡村环境，对乡村经济和社会发展面临的问题欠缺思考，因而并非完全的乡村规划设计教学。2017 年乡村振兴战略的提出对暨大风景园林专业教学工作提出了更多元的要求，需要我们更加深入地思考乡村物质空间环境背后的社会经济运行规律。在新的时代背景下，我们团队开始对现有的乡村设计课程进行教学改革，从单一的乡村景观设计发展为较为完整的乡村规划设计，并在设计中综合考量乡村地域的经济振兴、社会和谐和环境友好等发展目标。乡村规划设计要求学生具备认知乡村社会复杂性、活用规划设计方法服务乡村振兴的综合能力，这对本科生提出了很高的要求。经过教学团队的研讨，我们决定将乡村规划设计主题调整到高年级进行讲授，并将其确立为四年级“毕业设计（论文）”课程的备选方向之一。

暨大乡村规划设计课程的教学目标包含知识认知目标和实际操作目标。知识认知目标通过理论讲解和实地调研，让学生明确我国乡村地域的特点和乡村发展的内涵，发现不同乡村发展路径的优缺点和适宜性，使用辩证的眼光看待乡村和城市之间的关系，深化对城乡一体化和城乡融合的理解。实际操作目标则包括了解乡村规划设计的主要形式、内容要求和操作流程，合理构思规划设计方案，并绘制规范的规划设计图纸。通过理论和实践相结合的培养思路，最终达到“向社会输送助力乡村建设的有用之才”的总体培养目标。

## 二、课程设置和教学安排

暨大乡村规划设计教学在训练基础技能的同时，充分尊重学生个人的研究志趣，在教学形式上进行灵活安排。和其他院校不同，暨大目前未将乡村规划设计设置为一门独立课程，而是依托三年级“设计专题”和四年级“毕业设计（论文）”两门课程开设。“设计专题”课程旨在讲授乡村规划设计的基础知识，并带领学生进行实操体验，因而对设计成果的完整性要求较高，而对设计深度则相对包容。“毕业设计（论文）”课程设置了多个规划和景观研究性设计方向供学生选择（乡村规划设计是其中之一），最终呈现的规划设计成果在完整性和深度上都有较高要求；除了完成一套图纸之外，学生还需要围绕乡村发展的关键议题进行深入研究，提交一篇完整的毕业论文。

虽然两门课程对规划设计的深度要求不同，但基本的教学流程是相似的，主要分为知识讲授、前期调研、设计制图和反馈总结四个环节，在一个学期（16 周）内完成整个教学流程。其中，知识讲授环节（3 周）主要包括三大板块：由教学团队教师讲授乡村的概念内涵、发展历程和政策框架等基调性理论知识（6 课时）；由风景园林专业教师讲授乡村规划设计的先进理念，或邀请从事乡村实践的规划师和建筑师介绍优秀案例，分享设计心得（4 课时）；邀请旅游管理专业教师讲授乡村旅游发展的专题内容（4 课时）。前期调研环节（3 周）的任务包括实地田野调查和调查成果汇总，设计制图环节（8 周）的任务包括形成规划设计草图和深化定稿，反馈总结环节（2 周）邀请从事乡村规划建设管理实务的技术人员或村委代表，联合任课教师一起进行评图，提高设计方案的落地能力（表 1-2）。“毕业设计（论文）”课程全程进行一对一的论文指导。

**表 1–2　暨大乡村规划设计相关课程的教学安排**

| 环节 | 教学时长 | 教学内容 |
|---|---|---|
| 知识讲授 | 计14课时，在3周内完成 | ■ 由教学团队教师讲授乡村发展和乡村规划的基础理论<br>■ 由风景园林专业教师讲授前沿理论或邀请优秀设计师进行案例教学<br>■ 邀请旅游管理专业教师讲授乡村旅游发展专题内容 |
| 前期调研 | 3周 | ■ 进行实地田野调查<br>■ 汇总调查成果，形成调研报告 |
| 设计制图 | 8周 | ■ 形成概念草图<br>■ 深化过程草图<br>■ 设计定稿和设计表达 |
| 反馈总结 | 2周 | ■ 邀请乡村建设一线参与者共同评图<br>■ 完善设计内容和提升论文深度<br>■ 召开反馈总结会议 |

## 三、教学特色

暨大乡村规划设计课程教学目前尚处于不断摸索和调整的过程之中。我们在完善知识体系和加强技能训练的基础上，在以下两方面争取实现突破。

第一，注重与优势学科之间的交叉融通，发挥旅游产业发展对乡村规划设计的支撑和促进作用。由于特殊的院系设置和专业归口，暨大风景园林专业和旅游管理专业具有得天独厚的跨专业合作条件。在国家政策方针的指引下，乡村不仅成为风景园林专业的设计场，也是旅游管理专业发挥优势和特长的热土。尤其是近年来城郊休闲游、特色乡村体验游和美丽乡村游等一系列乡村旅游产品的推出成为促进乡村产业发展、增加村民收入和传承乡土文化的重要途径。在乡村规划设计课程中，课程教学团队与旅游管理专业的教师共同研讨优化教学方案，试图打通以旅游为依托的乡村建设全流程；鼓励来自两个专业的学生组队，亲身体验和参与前期综合调研、旅游产品策划、空间规划设计和后期运营组织等步骤环节。通过跨专业合作，拓展知识广度，锻炼学生与不同专业背景人士展开沟通协作的能力。

第二，积极创造校企合作机会，为乡村规划设计课程提供真题真做的沉浸式体验。为了让学生提高对规划设计知识的应用能力，将学习所得服务社会，教学团队充分利用暨大校企合作平台，尝试将课堂搬到真实的村庄环境内，用自己的切身体验完善乡村认知和发现实际问题，用脚踏实地的勘测记录丈量乡村空间的尺度，通过促膝交谈了解村民的真正需求，通过现场制图确认乡村未来的发展意向。2018 年 10 月，在优秀校友的牵线搭桥下，我们与福建省福州市永泰县的驻村乡村建设团队合作，将“设计专题”课堂搬到了中国历史文化名镇——嵩口镇，实际参与了镇内大喜村和梧埕村的乡村规划设计，为两村的旅游开发和村庄活化献计献策（图 1-5）。由于规划设计实际项目需要考虑各种因素，学生的经验尚不足以处理所有问题，设计构思也不够成熟，但是正是通过这

图 1–5　暨南大学乡村规划设计课程现场教学场景

样一个过程，学生有机会向一线乡建团队学习，增长了见识和才干，取得了飞跃性的进步。受疫情不确定性影响，通过校企合作平台进行真题实践受到了限制，师生开展异地教学工作面临很大挑战。因此，近年乡村规划设计课程的基地选择了较场尾村、半天云村和鹤薮村等深圳市内的特色村落，或者翠亨村等邻近城市的村落。虽然这些村落的规划设计教学没有机会依托实际项目，但我们还是坚持“假题真做”，通过联系当地政府社区和旅游管理机构、短期现场驻扎调研和利益相关者圆桌会谈等方式，让学生体验规划设计流程，尽可能使设计成果具有可落地性。

## 参考文献

[1] 肖铁桥 . 地方院校的乡村规划教学实践探索 [J]. 安徽农业科学，2018，46（21）：225-227.

[2] 彭震伟 . 同济规划之乡村规划教学实践详解 [DB/OL].https：//mp.weixin.qq.com/s/3cPSGxKvgwEp2PNNv7bOGA，20220721.

[3] 蔡忠原，黄梅，段德罡 . 乡村规划教学的传承与实践 [J]. 中国建筑教育，2016，（02）：67-72.

[4] 段德罡 . 西安建筑科技大学的乡村规划教学实践分享 [DB/OL]. https：//mp.weixin.qq.com/s/2naogpjCL9mT9-4Ah-KM2A，20220722.

[5] 潘斌，范凌云，彭锐 . 地方高校乡村规划教学的课程体系与实践探索 [J]. 中国建筑教育，2019，（02）：29-35.

[6] 张佳 . 关于高校乡村规划教学的几点思考及建议 [DB/OL]. https：//mp.weixin.qq.com/s/5BqKb7ULgXSelGAwNZHflg，20220721.

[7] 深圳大学建筑与城市规划学院城乡规划教学组 . 变革中的规划设计教学探索 [M]. 北京：中国建筑工业出版社，2022.

# 第二章　全过程乡村规划设计的要点内容

乡村规划需要服务多重目标，主要包括强化自然资源管控、促进乡村产业发展、配置基础设施和公共服务设施以及改善人居环境等内容；乡村设计既可以是乡村规划的一个组成部分，也可以理解为乡村规划的补充和延伸，其重点在于研究乡村各类功能的空间问题，并对适应未来需求的空间变化作出合理引导。在面向本科生的课程教学中，乡村规划和乡村设计的界限并不明确，经常伴随出现。践行全过程乡村规划设计是两校开设相关课程的共同做法。我们认为从学的角度而言，一个完整的乡村规划设计至少应该包含认知乡村、分析乡村、设计立题和空间叙事四个环环相扣、紧密联系的步骤。在每一个步骤下，学生都有需要关注的要点内容。这些内容有的来自乡村内部，有的来自其所在区域；有些是有形的，有些是无形的。在学习过程中，学生首先需要循序渐进地了解和熟悉这些要点内容，并思考其在设计场地内外的互动关系。在完成输入过程的基础上，提交一个逻辑自洽、思路创新和血肉丰满的设计方案，完成输出过程。从教的角度而言，如何设计一套流程方法帮助学生尽快完成这个从输入到输出的全过程，形成有意义的设计产出，即乡村规划设计的教学设计，成为一个值得持续探讨的议题。

## 第一节　认知乡村：乡村概念与城乡互动

认知乡村是进行乡村规划设计的第一步。在教学计划中，之所以把认知乡村和分析乡村区分开来，是因为我们认为有必要帮助以城市为主要学习研究场地而对乡村缺少概念的规划类本科生搭建一个理解乡村发展的整体性框架，以便他们更好地把握分析内容，进而为规划设计做好准备。这个框架既包括乡村地域本身和城乡差异的对比，也包括我国新型城镇化、城乡融合和乡村振兴的时代要求和大政方针，还包括常用的调查研究方法。认知乡村一般通过资料查阅、亲身现场调研、教师讲解辅导和专家讲座等各种方式结合进行。

## 一、理解乡村概念与乡村特征

乡村是一个看似简单实则内涵丰富的概念，不同学科对于乡村有不同的解读方式，但总体而言，乡村地域的划分主要遵循社会文化、经济产业和地理景观三个标准：社会学将乡村定义为以血缘、地缘为主要社会关系的同质地域群体的生活空间；经济学的定义是以农业生产及其相关产业为主要经济活动，为人类生存提供最基本服务的地域；地理学以人口分布、景观特征、土地利用和隔离程度为标准，认为乡村是城市建成区外以农业初级产品生产为主的区域，有着开敞的郊外和较小人口规模的聚落。

乡村和城市在地域上是渐变或交错的，二者之间并不存在一个城市消失和乡村开始的明显的标志线。由于城乡界线的模糊性，人们就乡村定义无法达成一致意见。《城乡规划学名词》对于乡村的定义是具有大面积农业和林业土地使用，或有大量各种未开垦土地的地区，其中包含着以农业生产为主、人口规模小、密度低的人类聚落[1]。宁志中认为，乡村是以农业经济为主，社会结构相对简单稳定，以人口密度低的集镇和村庄为聚落形态的地域总称；按照是否构成行政管理单元，村庄可分为行政村和自然村[2]。

在进行规划设计之前，引导学生通过自主认知对乡村类型进行界定相当重要。在乡村振兴战略框架下，一般通行的做法是把村庄分为集聚提升、城郊融合、特色保护和撤并搬迁四大类，但从国土空间体系的角度看，还有必要设置一些细分类型。从整体处于生态空间内的村庄到整体处于城镇空间内的村庄，中国的村庄呈现出千姿百态的特征。这些特征是村庄活力的源泉，也是规划设计的重点难点所在。我们课程选择的九个案例村庄就跨越了整个谱系，从完全位于城镇空间内的凤凰村到完全位于生态空间内的半天云村（图 2-1）。通过课程学习，学生能够接触多样化的村庄类型，从而起到较好的锻炼效果。

人地关系是乡村性认知的核心内容。在教学实践中，我们引导学生着重从以下四方面展开。①自然地理环境：不同地域在气候特征、地形地貌和自然资源供给等方面的差异会直接影响当地村庄的生产类型、居住方式和生活场景。②聚落形态：人们为了获取生存资源和生存空间不断利用并改造地理环境，形成了千姿百态的村落格局；同时，如湖泊干涸、填海造陆和交通改道等地理环境的重要变迁也深刻影响着村庄的发展走向和空间特征。③乡土文化：乡村是农业人口集聚的区域，村庄在长期农业生产和集体生活中逐渐形成发展起来的宗教礼仪、风俗节庆和建筑空间能够集中反映人地关系影响下

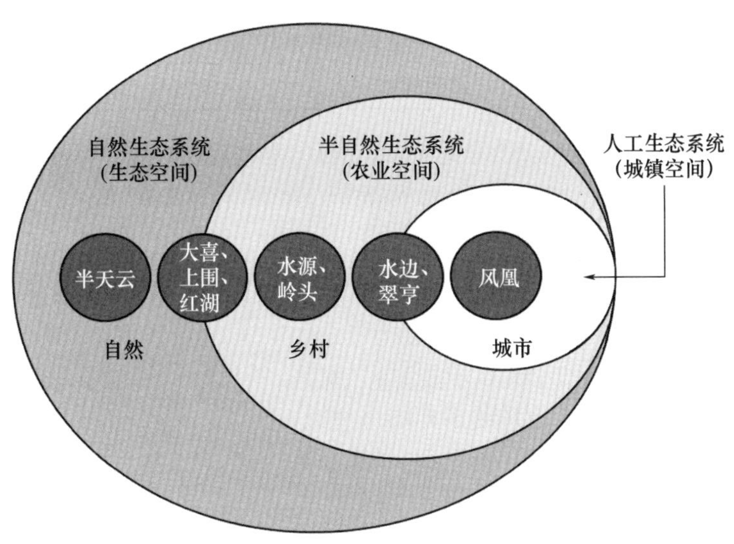


图 2-1 本书所选的案例村庄在国土空间体系中的相对位置

村民道德情感和思想观念的演化变迁。④景观风貌：乡村景观风貌综合展现了乡村区域内自然、经济和人文现象的互动关系，是村庄文化系统和物质环境要素的总成，具有明显的地域性和时代性 [3]。

## 二、关注城乡差异与城乡融合

我国长期以来的城乡二元经济结构强化了城市和乡村因地理特征差异形成的差距。由于这些差异的存在，城市规划和乡村规划在思考方式和操作方法上存在着极大不同。在教学过程中，为避免学生用城市规划的定势思维去处理乡村问题，我们试图帮助学生建立明确的城乡差异认知，掌握适合乡村地域发展规律的规划理论和设计方法，并思考实现城乡统筹和融合发展目标的途径。

长期以来我国规划领域对乡村地域研究不足，对于城乡差异缺少应有的重视，欠缺成熟的理论支撑和技术引导，导致乡村规划成果空泛、流于表面。从地域发展优先度上考虑，改革开放以来国家急需发展壮大的现实需求引领了我国城镇化浪潮，加剧了城乡在居民收入、生活水平、教育资源、就业机会、公共建设投入和社会保障等方面的差距。此外，城乡差异还广泛体现在人居环境、经济发展、土地利用和社会治理等诸多方面（表 2-1）。上述方面决定了在乡村展开规划设计无法简单地套用城市规划的固有模式，这就要求我们在理论上帮助学生厘清这些差异，并在实践上鼓励学生就差异进行实地调研和专题研究，内化成个人认知，并转化为规划设计的切入点。

表 2-1　我国城乡地域差异的主要表征

| 地域 | 人居环境 | 经济发展 | 土地利用 | 社会治理 |
|---|---|---|---|---|
| 城市 | 以人工环境为基底、自然环境为辅的高密度、高流动地域空间，异质人群主导下高度开放的复杂社会生态系统 | 以高集聚、多样化和动态迭代的第二产业和第三产业为主，以提升城市区域竞争力为主要目标 | 实施土地国有制，用地产权和功能划分明确，单元经济价值高，开发使用流程相对规范 | 实施市、区和街道管理和社区自治相结合的治理方式，精细化社会管理和公共服务需求强烈，利益相关者多，协调难度大 |
| 乡村 | 以自然环境和人工农业环境为基底、人工建成环境为点缀的特色地域空间，由同质人群构成相对封闭、简单的社会生态系统 | 以第一产业为主，部分特色村具有一定规模但相对单一的第二产业和第三产业，以维持乡村活力和村民生计为主要目标 | 一般实施土地集体所有制，用地混杂相互交错，单元经济价值较低，开发使用模糊地带较多 | 实施行政村和村民小组两级村民自治，历史遗留问题和日常细小矛盾多，现代化治理任务艰巨 |

尽管城乡之间存在差异，但在乡村规划教学过程中我们不能将城市和乡村割裂开来、分而视之。乡村发展不能忽视城市的作用，应考虑乡村与区域整体和临近城市的联系。随着城镇化的推进，城市和农村腹地会越来越紧密地交融在一起。一个经济体在进入城乡融合阶段后，城市社会和乡村社会的互动增强，社会经济特征不断相互渗透，难以按照原有的认知基础精确划分城市社会和乡村社会。因此，我们需向学生阐明城市和乡村应被视为城乡连续体上的点，而非二分法下各自独立的地域空间。

促进城乡融合发展，推动形成共建共享共荣的城乡生命共同体是我国当前社会发展阶段下的必然要求。在教学中，我们引导学生思考如何通过各种方式促成城乡要素、城乡经济、城乡空间、基础设施、公共服务和生态环境等多个方面的融合。例如，在经济发展方面，根据自身资源禀赋明确村庄经济发展整体方向，既可因地制宜地发展特色产业，融入区域产业链，也可回应新兴需求开发休闲旅游、农业旅游、生态旅游和文化旅游等旅游产品，增强村民生计能力，缩小城乡收入差距；在城乡空间方面，则可参考相关试点项目，将城市功能用地和乡村功能用地高度混合区域建设成为“第三空间”，形成以“旅游 +”和“互联网 +”为发展模式的农创集群地域空间[4]；在设施供给方面，引导学生思考如何推进城乡基础设施体系整合和公共服务均等化，促进优质教育资源、医疗康养服务、文体活动设施进一步向镇村延伸，使更多人受益。

## 三、活用乡村调研与认知方法

翔实的调查研究工作是做好乡村规划设计的前提条件，因此调研方法的训练是课程教学的一项重要任务。我们组织学生以资料查阅、现场踏勘和访谈沟通等多种方式，从区域关系、历史文化、空间形态、社会演化、经济发展和生态保育等各方面对所选村庄进行充分调研与深入研究。

资料查阅包括地方史志等出版物、政策规划、统计年鉴、地图、数据库文献和网络信息等的查询、阅读和整理工作，一般在现场踏勘前展开，并在之后进行随时补充。资料查阅有助于学生全面了解乡村历史演化进程和社会经济发展现状，从整体上把握乡村特色和发展趋势。不同历史时期的时代背景、土地制度和生产组织等直接影响了乡村迄今为止的发展道路，并可能进一步影响其未来走向。例如，在海南省乐东县红湖村（详见本书第三章第一节）和岭头村（详见本书第五章第一节）规划设计的教学过程中，我们引导学生查阅学习海南省国土空间规划、乐东县总体规划和大三亚旅游经济圈规划等上位规划的相关内容，并思考如何在规划设计中呼应这样的政策规划框架。乡村在历史变迁中稳定不变的方面很可能蕴含乡村的精神内核，了解这些内容有助于挖掘乡村特色。例如，在广东省深圳市凤凰古村（详见本书第六章第一节）规划设计的教学过程中，我们引导学生对凤凰村志展开详细研究，充分了解了城镇化前村落独特的景观格局、梳式布局建筑群的形成原因、村内重要文化建筑的历史渊源。这些难以在现场实际获得的宝贵认知最终转换为学生设计方案的灵感来源。

现场踏勘包括对比记录、拍照摄像、测量测绘和随机访问等工作，通过亲身进入乡村空间内部，获取最直观最时新的认知体验。二手资料或多或少存在准确性不足、精细度欠佳和时效性差等问题，这就要求我们借助一手信息完成比对、补充、调整和矫正工作。另外，现场踏勘的重要性还在于实地感受空间的尺度，观察要素之间的联系，体验村民的日常生活。这种情境感没有到达现场是不能感悟到的，事实证明，在由于疫情无法展开现场踏勘的年份，我们学生的规划设计方案在思考深度和细节上都有不同程度的滑坡。在实际教学中，我们带领学生对广域、村域和集中居民点三个空间层次进行现场踏勘。三个空间层次的调研各有侧重点：广域需要重点考虑临近城镇的设施和产业对乡村发展的促进带动作用；村域主要关注山水林田湖草等自然资源全要素的开发、治理和保护问题；集中居民点则主要突出人的因素和人居环境提升改善的内涵。根据不同类型村庄的特点，我们需要引导学生在三个空间层次的现场踏勘中投入不同的精力配比。

访谈沟通以政府座谈、村干部访谈、企业走访和村民入户调研等形式，了解乡村发展历程、发展困难、发展诉求和发展愿景。由于基层政府公务员长期在当地工作，掌握了丰富的基础资料、工作经验和人脉联系，与他们展开座谈可以快速搭建一个认知框架并获取部分疑问的初步答案，也利于调研的顺利展开。在广东省肇庆市上围村（详见本书第三章第二节和第四章第一节）和湖南省永州市水源村（详见本书第五章第二节）的调研中，当地镇政府相关部门工作人员就给予了我们很大的帮助，积极协助资料查阅和人员联络。村干部是通过村民自治机制选举产生的、在村党组织和村民委员会担任一定职务的工作人员。村干部访谈能够提供更多有关基地村庄发展的重要细节，集成多数村民的意见想法，是乡村认知的主要信源。例如，在福建省福州市大喜村（详见本书第四章第二节）的调研中，我们受到了当地村干部的热情接待，聆听了现场讲解，并就村庄未来旅游开发计划进行了深入交流。对当地企业、承包方、经营者等主体和村民展开走访可以从不同视角了解他们乡村居住环境、生产条件、设施配套和政策影响等方面的切实感受，交叉验证基层公务员和村干部的访谈内容，从而提高基础信息的准确性和客观性。另外，由于乡村规划设计涉及生态保护、布局调整和环境整治等方面，直接影响村民的切身利益，村民对乡村规划方案的内容应有发言权。因此在不同村庄的调研中，我们都想办法分批深入田间地头和家家户户，了解村民的真实想法。

## 第二节　分析乡村：传统乡村到现代乡村的形、能、神

乡村分析是全过程乡村规划设计的第二个主要步骤。在认知乡村的基础上，学生通过全面扫描和专题研究，掌握乡村发展的实态，了解现象背后的机制性原因，就影响乡村未来的优势、劣势、机遇和挑战展开态势分析（SWOT 分析），继而为提出切中要害和合理可行的乡村发展构想提供充足的养料。经过各界持续不断的努力，我国的乡村面貌已经发生了翻天覆地的变化，在生态环境、生产方式、人居环境、收入水平和社会治理等方面都有了明显提升，但在快速城镇化进程中，乡村的地理劣势被不断放大，乡村的资源被不断虹吸，乡村的生态环境在逐步恶化，乡村的社会结构和治理基础在不断瓦解，城乡差距不降反升。这些现象都是近来我国乡村发展的共性问题，也在课程所选的基地村庄内有着不同的表现，分析乡村首先需要引导学生对这些现象问题展开较为全面客观的思考。近年来，在国家新型城镇化、城乡融合、乡村振兴和脱贫攻坚战略的宏观背景下，各级政府针对乡村地域的政策和资金倾斜力度加大，社会各界也表达了强烈的兴趣、提供了大力支持，乡村的多元价值开始受到尊重。这些有利因素构成了乡村未来发展的重要助力，也需要在分析乡村中进行探索。从分析框架上，我们建议学生从

乡村的“形”（生态环境与人居环境）、乡村的“能”（经济发展与产业振兴）和乡村的“神”（文化复兴与社会治理）三大部分展开具体分析。

从以往的教学经验上看，学生进行乡村分析往往会陷入三大困境。第一，就村庄论村庄。村域边界内的地理空间是我们展开规划设计的对象，但乡村研究分析不能只考虑村域范围内的要素。对于同一村庄的不同侧面，有的需要从镇域、县域或市域等多尺度行政管辖范围上加以考虑，有的则需要站在流域、设施服务区域和旅游市场区域等的位置上展开分析。第二，全面性和专题性失衡。全面性和专题性是研究对象的一体两面。一个村庄既有全方位的发展问题，也有需要重点解决的主要矛盾。规划设计的重心很大程度上取决于其服务的对象和目的：就课程锻炼而言，我们希望学生形成全面视角，并进行连贯性的富有逻辑的分析；考虑到不少课程作业会报名参加全国大学生乡村规划设计方案竞赛，专题研究有助于突出特色，进而在竞赛中获取有利位置。第三，“问题化”乡村现象。毋庸置疑，当前我国乡村发展面临着许多问题，课程选择的基地村庄也存在相当多需要提高改善的方面，这也是我们开展规划设计的重要理由。然而在实际分析中，学生一方面经常会陷入一种“挑错”思维，把一些城乡差异强化为乡村问题，继而提出种种矫正措施；另一方面，有意无意地忽视乡村可利用可开发的禀赋和潜力，错失了从乡村资产视角促进社区发展的机会，也弱化了分析的辩证性。以上问题需要我们在教学过程中特别关注，并加以引导和平衡。

## 一、乡村的“形”：生态环境与人居环境

乡村的“形”指的是看得见摸得着的乡村物理空间环境，是规划分析和设计方案中相对容易上手的部分。乡村空间是国土空间的重要组成部分，对国家生态安全、经济发展和社会保障都有重大意义。作为乡村生产生活的载体，乡村空间的丰沛程度和质量品位，直接决定了乡村居民的生活品质和精神面貌。

“山水林田湖草沙”等乡村生态空间能够提供生态产品和生态服务，一直是乡村发展的核心优势所在。然而，由于长期以来急功近利的开发利用和监管不足，我国乡村普遍面临不同程度的生态环境问题和压力。对于自然资源竭泽而渔式的过度开发导致乡村生态格局破坏、生态功能退化、生物多样性丧失，对自然灾害的调节和适应能力下降。在课程教学过程中，我们鼓励学生去发现乡村生态空间存在的问题，并进行专题性的思考。例如，在针对上围村的调研中，有小组发现该村为提高森林覆盖率指标种植了大规模的单一桉树群，对当地的水生态环境和生物多样性造成显著影响，进而提出了丰富树

种种植和利用桉树开发立体化农业的建议；在针对岭头村的调研中，学生发现村北部大面积废弃的花岗岩矿山存在地质灾害隐患且损害了原本山海一体的优美景观，进而提出了生态修复和矿山公园改造的设想。

乡村生产空间是乡村生产活动的载体。在传统的农耕时代，农用地和部分具有产出的林地构成了乡村生产空间。随着社会经济的发展，乡村产业形式不断扩增，乡村生产空间除了以上类型外，目前还包括设施农用地、乡村工业用地和商服用地等功能类型[5]。耕地构成了农用地的主体，也是我国国民经济发展的基础支撑。保障耕地资源的良好利用、确保粮食安全是可持续发展的内在要求。随着城市扩张和乡村衰退，乡村出现了耕地侵占、耕地撂荒和耕地非粮化等不合理利用现象，造成了国土资源的极大浪费。现代农业设施的建设在便利农业生产的同时也可能对乡村生态环境造成破坏，例如水渠硬化阻断了水和土壤之间的物质交换，地膜的使用造成白色污染。此外，未经处理的农业生产、规模化养殖、乡村工业和日常生活排放会影响乡村水环境、土壤环境和空气环境质量，进一步加剧生态系统失衡，并威胁乡村居民的身心健康。对乡村生产空间存在的现状问题进行梳理分析一直是课程教学的重点。例如，在红湖村案例中，学生对当地种植面积较广的火龙果和哈密瓜萌生了浓厚的兴趣，在了解农业发展的问题瓶颈和探究规模化农业发展需求前景的基础上，提出依托农业发展旅游业、扩展乡村生产空间和深化内涵的想法。

乡村生活空间包括以农村居民点为主体的人居环境。传统村庄内村民出于自身需求自发建屋，以居住功能为主，工具存放和辅助生产功能为辅。民居和传统公共建筑按照一定的宗法和风水原则进行布置，形成有机生长的居住系统，但也存在用地不合理、利用率低、干扰性强和不能适应现代化生活需要等缺陷。与居住系统相比，生活空间内的人居环境支撑系统需要提高的方面也许更多：道路通达、污水处理、垃圾清运等基础服务设施以及与民生迫切相关的医疗卫生、教育体育等公共服务设施在传统乡村建设中未受重视，仍有大量缺位；在井口空间、树下空间和祠堂广场等传统乡村公共空间式微的现状下，社区中心、养老服务和商旅展演等现代公共空间需求正在日渐兴起，需要在规划设计中予以补足。在分析乡村的教学环节中，我们引导学生辩证地看待传统保护与开发建设之间的关系，既强调对传统村庄风貌的保留和修整，也要求积极满足村庄内外的新兴需求，思考统筹重构乡村生活空间的可能性。例如，在针对岭头村案例的分析中，学生发现随着当地村民搬入新居，老村屋建筑群逐渐空置，开始着手思考激活旧村空间的方式方法。在一番思索之后，一组学生认为可以依托旧村营建岭头新居民（到海南的避寒旅居者）和村民相互交流融合的场所，并尝试提出了新颖的建筑空间改造模式。

## 二、乡村的“能”：经济发展与产业振兴

产业振兴是乡村发展的动能所在。在国家乡村振兴战略的总要求中，最重要、最根本、最关键的就是产业振兴。如果乡村的产业没有得到有效激发，乡村的造血能力就无从谈起，乡村的活力难以从根本上得到保障，乡村建设的投入也将难以长期维持下去。正是因为如此，乡村经济发展策略和产业振兴路径的设计是乡村规划设计的有机组成内容。与旧有的乡村产业不同，我们现在追求的乡村产业振兴过程，是在城乡要素自由流动的支撑下，以科技和创新为基本动力，以市场为导向的产业转型升级过程。对于规划相关专业的学生而言，相较于乡村的“形”，对有关乡村的“能”的认知、分析和设计更不好掌握，需要教师多加指导。

当下我国乡村产业振兴仍然面临不少困难和瓶颈，结构单一、附加值低和同质化竞争严重等问题阻碍了乡村产业的健康发展。在城乡巨大收入差距的吸引下，许多农村居民前往城市谋求更高的经济收入，导致大量劳动力流失，乡村产业的就业根基动摇；部分乡村在发展初期依靠资源采掘发家致富，但这些资源依托型乡村常常因为边际效用降低、资源枯竭和生态环境恶化等问题逐渐陷入转型困境；囿于乡村科技创新能力不足、自然地理条件受限和生产组织关系不清，科技支撑下的大规模现代农业蓬勃发展尚需时日；近年乡村地区偶有新兴产业出现，但由于缺乏良好的交通条件、设施配套、产业链条和运维人才，最后不得不迁往城镇。其结果是，多数乡村仍以小型种植业、畜牧业和养殖业等第一产业，农产品粗加工、服装业和采矿业等第二产业以及零售商业和地方旅游业等第三产业为经济支柱。

当然，在新经济形势下，乡村地域也涌现了一批闻名全国的特色农产品专业村、工业村、淘宝村和旅游村，“一村一品”建设初具成效。因势利导寻求错位发展机遇、精准发力培育壮大特色优势产业、通过三产融合拓展经济发展空间成为这些成功案例的共同思路和做法。在这部分的教学过程中，我们要求学生针对基地村庄支柱产业的发展现状特点和上级政府的产业发展政策及区域产业规划展开专题分析，寻找具有相似地理位置、产业基础和资源禀赋的村庄展开案例对比研究，从地域特征和一般经验两个角度推导适于当地的可能的产业振兴之路。对于原本产业基础较好，产业发展路径明晰的村庄，需要学生提出优化和改善措施。例如，由于红湖村本身的农业生产基础较好，学生

在分析中从农业水利设施、规模化经营、产业链延伸和农产品仓储物流等角度强化了对优势产业的支撑措施。对于原本产业基础不佳，但具有特色景观、政策支撑和一定需求导向的村庄，我们鼓励学生另辟蹊径，走出一条新路。例如，在针对水源村案例的分析中，学生提出在当地发展体验式田园养老产业的设想，并进行了养老圈生活规划、人居环境整治和相应的空间节点设计。受调研场景、资料来源和学生知识结构的限制，规划分析和方案中的乡村产业板块可能略显单薄和理想化，但仍不失为一种有益的思维训练。

## 三、乡村的“神”：文化复兴与社会治理

乡村文化和社会治理，即乡村的“神”，是乡村地域的独特魅力所存，也是乡村振兴的终极目标。展示新时代乡村的精神风貌是将物质空间规划升华成为社会空间规划的分水岭，需要深入的调查研究分析和多学科知识的融会贯通。从以往的教学经验看，学生在教师的引导下通常能够意识到这个主题的重要性，也展示了一定程度的分析思考能力，但难以进行更深入的剖析和谋划。究其原因，首先是和调研深度有关，在相对较短的调研时间内学生被林林总总的乡村表象所吸引，疏于对乡村精神内核和社会运行逻辑的观察；其次是和课程组织有关，由于大多数课题并非依托完全真实的规划设计项目，对于实际问题的针对性不强，访谈内容也无法切中要害；最后是和任务优先度有关，在有限时间内完成多项教学任务对于教师和学生都是不小的考验，到进行这个任务时师生精力已是强弩之末。尽管如此，还是有一些小组围绕乡村精神进行了有意义的专题性探究，并将其和乡村的形、能两方面有机串联起来，做出了良好的示范。

在一个日渐城镇化的社会，乡村文化衰退也许是一个难以避免的社会现象，但这不意味着我们可以放任自流。我国乡村地域拥有大量保护建筑、民居建筑群和农业景观等物质文化遗产，是不可多得的人类精神财富，但在实际操作中往往缺少对这些历史文化要素展开保护利用的技术指导和资金支持。很多乡村在新建屋宅时，在建筑材料、色彩样式和细部装饰等方面比照城市建筑，这种“似城非城”的做法破坏了乡村整体风貌和空间格局。在非物质文化遗存方面，随着城乡互动增多，强势的城市生活方式和现代都市文化在潜移默化地影响着乡村地域，传统生活生产方式逐渐消隐；随着乡村人口特别是年轻人口的流失，大量传统民间技艺面临后继无人的危险。在教学过程中，我们引导学生从文化起源演化、文化的内容构成、文化主体载体和文化空间阵地等角度对代表性优秀乡村文化的现存主要问题展开分析，并在此基础上设计契合当地的文化复兴路

线。例如，在针对翠亨村案例的分析中，小组学生认为“孙中山伟人故里”的文化招牌是当地的突出特色，但由于周边村落风貌缺乏整体设计，文旅服务只能局限在狭小的景区范围内；鉴于此，学生在分析中重点思考了如何借助孙中山生平事迹打造节点空间，塑造伟人故里场所精神的可能性，以丰富旅游体验、增强旅游产品竞争力。在针对上围村案例的分析中，有一组学生关注了当地茶果节所展示出来的对内凝聚乡土情结、对外输出文化品牌的发展潜力，提出以节庆活动带动乡村振兴的设计理念。

社会治理是政府部门、社会组织、企事业单位、社区和个人等多元主体以平等协作和沟通交流的方式共同处理社会问题和管理社会公共事务的过程。以人民为中心推动社会治理现代化是我国新型城镇化背景下社会治理的总体要求，而乡村治理是国家治理的基石。中国的乡村治理大致经历了传统的乡绅社会、计划经济年代的人民公社和改革开放以来的乡政村治三个主要阶段[6]。在乡政村治的框架下，乡镇代表国家行使行政管辖和治理权，具有一定的集权性；村内事务则由广大村民通过集体组织依法实行自治，具有高度的民主性。乡政村治能够发挥两种组织方式的相对特长，有效地促进了我国广大乡村地域的发展，但也暴露出诸多问题。例如，受亲缘关系和人情网络影响，村干部往往对乡村违法建设行为未施行有效管治，反而采取纵容包庇的态度；由于村民与基层政府之间缺乏应有的制度性关联，农村基层政府身陷“悬浮性治理”之中，村庄公共事务乏人问津[7]；由于部分村干部整体素质欠佳或民主制度不健全，导致村民对村集体的认同程度偏低，在乡村治理中处于被动的位置，缺少参与公共事务的积极性[8]。在新的社会发展形势下，除了传统的村民、村组织和基层政府外，乡村内外的精英能人、行会协会和社会组织等都开始参与乡村建设进程，并深刻介入乡村公共事务的治理之中。在课程教学过程中，我们要求学生顺应这样的时代发展趋势，鼓励学生在人居环境整治、设施供给配套、文化传承和产业发展板块中加强对于新进治理主体和新型治理模式的研究。

## 第三节 设计立题：多元化的乡村设计构想

设计立题是逻辑思维的游戏，是在理解乡村特征和发展趋势的基础上，从整体层面把握乡村未来发展方向，赋予规划设计以灵魂的重要步骤。一个好的设计主题，并不是凭空产生的，也不是在规划设计最后阶段仓促安排上去的，而是需要通过乡村认知和乡村分析层层深化、步步落实的。找到一个合适的规划设计主题并不容易，特别是对于刚上手乡村规划的学生而言。我们鼓励学生从发挥乡村资源禀赋、响应乡村振兴导向和代入新兴理念需求三个切入点展开构思。

## 一、发挥乡村资源禀赋

资源禀赋包括自然资源、经济产业基础和社会人文要素，是乡村振兴的物质基石。乡村规划需要对各类资源进行合理有效的空间优化、配置和组合，以充分发挥优势资源禀赋对乡村发展的支撑作用。挖掘乡村特色资源、发挥乡村禀赋不仅可以推动乡村产业的可持续发展，还可以避免使乡村景观风貌千篇一律。在这一方面，我们要求学生关注城乡之间和乡村之间在资源禀赋上的差异，训练挖掘对潜在资源的敏锐度和进行全局整合的能力：为了避免“千村一面”这样的同质化现象，需要学生研究乡村资源原真性保护方法和差异化开发模式；乡村资源一般分布较散，且不同类型资源之间缺乏有效关联，需要学生思考加强联系和协同开发的可能性。随着城乡融合的不断深化，城乡之间要素相互流动成为必然。如果对资源禀赋的认知仅仅局限在乡村内部，则容易忽略城市流入资源对乡村发展的影响。流入资源对乡村发展既有积极的一面，也会带来文化稀释和资本控制等消极影响。如何趋利避害、整合城乡资源，同时维持乡村特色资源的主体性成为从这个角度进行设计立题的难点所在。

在教学过程中，我们不断启发和拓展学生思维，使其认识到同一资源禀赋可以有多种开发场景，不同资源类型可以联动发展以及内生外来两方资源需要整合和筛选。以上围村规划设计为例，有两个小组将其作为基地。其中，一组学生在综合评价乡村交通区位、文化、生态、产业等历史沿革和发展现状的基础上，提出了“古木逢春焕新颜”的主题（详见本书第三章第二节）。在乡村实地走访调研过程中，该组同学深切体会到上围村衰败的现实情况和亟待振兴的强烈愿望。他们认为上围村就像一棵沉寂的古木缺乏活力，水陆交通闭塞、多元文化落寞、生态环境污染、人口流失严重，而乡村振兴政策就像春风雨露一样给村落带来新的生机。该组进而针对性地提出在修复生态、提升设施配套的基础上，依靠濒临西江的传统水路交通优势和沉淀百年的文化再生，打造宜居住、宜农事、宜旅游的复合型新农村。另一组学生则主要聚焦上围村的茶果文化主题，以文化资源作为乡村发展的触媒，提出了“乡途回眸、茶果串魂”的构思（详见本书第四章第一节）。小组成员深挖上围村茶果文化资源的内涵，试图以此延展农业产业链、串联其他文化类型、带动乡村旅游消费，在乡村内创造多种增收空间。这种立题方式看似聚焦于上围村的单一文化资源，实则以此为脉络串联起乡村其他资源类型，将多种资源整合到一个叙事体系中。上述两组同学展示出两种不同的立题技巧：前者在综合分析研判乡村资源的基础上，确立了乡村复合型发展路径，针对乡村发展的多维桎梏对症下药；后者则重点关注乡村最具特色的资源类型，以点带面带动其他资源类型的联动开发，从而塑造特色鲜明的乡村形象，使人印象深刻。两种方式没有高下之分，虽然乡村发展方向的着眼点不同，但都建立在对于乡村资源禀赋深入认知和分析的基础上。

## 二、响应乡村振兴导向

学习和践行乡村发展的政策精神是乡村规划设计课程的重要任务。在课程中结合政策方向进行教学内容拓展和教学理念引导，对于培养学生树立积极的社会责任感和正确的行业价值观相当重要。上至国家层面的大政方针，具体到地方层面的政策规划，均是设计立题构思的重要来源，需要思考如何进行有效响应。

进入 21 世纪以来，为了解决城乡二元结构下长期累积起来的乡村人居环境差、产业发展落后、基础设施配套和公共服务设施供给不足等问题，国家相继提出了城乡统筹、社会主义新农村建设、城乡一体化、美丽乡村建设、城乡融合、乡村振兴等战略方针，成为乡村规划设计立题的方向性指引。以乡村振兴战略为例，教学团队以时间线梳理了主要政策节点，简要总结了乡村振兴的思想脉络，并以此要求学生展开针对性的思考。2017 年 10 月，党的十九大报告提出了“产业兴旺、生态宜居、乡风文明、治理有效、生活富裕”的乡村振兴战略总要求。作为呼应，我们在教学过程中启发学生综合考虑产业、生态、文化、治理和扶贫增收等方面内容，并突出产业主题对乡村发展的带动作用。2018 年 9 月，中共中央、国务院印发《乡村振兴战略规划（2018—2022 年）》，以解决“三农“问题为总抓手，进一步深化细化了乡村振兴的目标任务、工作重点和具体指标，特别强调了统筹城乡发展空间、优化乡村发展布局和分类推进乡村发展的要求。我们一方面进一步要求学生在规划构思中专注“三农”议题，考虑农民增收、农业发展和农村稳定之间的机制性联系，另一方面加强乡村空间结构和乡村特色在设计主题中的反映。在地方层面上，教学团队引导学生整理总结村庄所在地的政策文件和规划要求，并探讨这些政策对在地化乡村规划设计立题的指导作用。例如，广东省出台了《广东省实施乡村振兴战略规划（2018—2022 年）》《广东省乡村产业发展规划（2021—2025）》《广东省推进农业农村现代化“十四五”规划》等政策规划，在国家政策的框架下对省内城乡统筹、乡村发展总体格局、产业发展规划、基础设施建设、人居环境优化等方面的要求，强调构建具有岭南特色乡村产业体系的重要性。县域和镇域范围内的国土空间总体规划对村庄提出了空间管制、发展定位和设施配置等方面的要求，能够作为设计立题参考。另外，通过研习诸如广东有关南粤古驿道保护性开发和海南有关“大三亚”旅游经济圈建设等地方相关专项规划的内容，学生能够在立题中准确把握地方产业和文化特色，并顺应地方迫切的发展需求。

在教学过程中，任课教师需要首先领会不同层级涉乡涉村涉农政策的要点，并简明扼要地向学生传达政策对指定乡村基地发展的指导价值；通过代表性案例讲解，引导学生熟悉将政策要求转化为设计立题的方式方法，以提升对当前乡村规划大方向的总体把控能力。由于多数学生来自城市，缺乏乡村生活经历，我们还鼓励他们在条件允许的情况下亲身参与乡村社会实践，切身体会乡村发展最迫切的诉求，从实践中感悟政策导向对设计立题的影响。这里试以广东省深圳市半天云村设计（详见本书第五章第三节）举例，简要谈一下学生需要如何在乡村规划设计中响应政策号召。暨大采取半命题的方式，要求学生以“客乡情浓，寂寥空村谋新生”为大主题，完成半天云村的规划设计。虽是半命题，但也给学生预留了一定的发挥空间：一方面要求学生关注村落的客家文化传承和活化，另一方面点出了村落现在人去楼空、寂寥没落的现实，启发学生探索一条新生之路。半天云村有两大显著的特征要素，一是被誉为“广东最美乡村”的典型客家村落，受到文化旅游开发等相关政策的支持；二是该村落完全位于深圳市基本生态保护线之内，村落发展受到《深圳市基本生态控制线管理规定》等生态保护和开发控制政策的约束。因此，针对该村的立题构思必须兼顾上述两个政策体系的要求，掌握保护和开发之间的平衡。

## 三、代入新兴理念需求

在实际教学中，我们发现在学生中存在一个普遍的认知误区，即认为先进的技术成果和发展理念是城市的专属品，乡村是落后于城市的地域，乡村人的接受能力比不上城市人，因而较少考虑在乡村环境中运用新兴理念满足城乡日益增长的物质文化精神需求。事实上，乡村发展需要与时俱进，宜大胆应用先进的技术理念回应时代和利益相关群体的关切。我们引导学生将生态乡村、人本乡村、韧性乡村、数字乡村和智慧乡村等发展理念合理渗透到乡村规划设计的立题之中。例如，在生态文明理念下，乡村需要强化资源环境底线约束力，构建新型的人地关系，打造人与自然和谐共生的乡村风貌；在以人为本的理念下，需要思考在乡村老龄化、乡村机动化趋势日渐显著的现实背景下，如何建设长者友好型和儿童友好型新农村等问题。同时，我们也需要鼓励学生将最新的科学技术成果转化成当代乡村建设的有力后盾，思考物联网、5G、人工智能、生物工程、电子商务、大数据、云计算和区块链等新兴技术如何服务乡村，引导乡村产业革新、空间优化和设施升级，找到乡村立题的突破口。例如，农业现代栽种技术和电子商务的发展延长了农业产业链，能够创造出复合化的产业空间；互联网基础设施的普及为乡村农产品、特色文化 IP 的宣传创造了有利平台，有助于打造乡村文旅品牌和产生新的消费类型及其相应的空间。以广东省深圳市凤凰古村设计（详见本书第六章第一节）为例，该小组以打造智慧社区为出发点，提出了“DNA 生长智链”的立题构思。这里所指的 DNA 链条并不只是简单地映射村落要素的形态构成和空间排布，更是寓意乡村发展能够像 DNA 的复制机制那样充满源源不断的内生动力，从而推动村落的活态生长和社区的智慧化运营。活态生长主要通过塑造空间链条、植入催化节点和连接氢键的形式打通村落内部及其与外部城市空间和自然山海空间的联系；智慧社区主要通过综合运用虚拟现实、人工智能和机器人等新技术实现智慧化管理和体验，从而提升文旅项目的吸引力。形义兼具能够使设计主题充分饱满。

我们不仅可以通过采用新发展理念和运用新技术成果促进乡村转型，也应该去认真回应乡村社会群体的潜在诉求和未来期许。对于规划师而言，一项重要的工作内容就是平衡协调不同群体的发展诉求，在空间上实现群体利益的公约数和社会公共利益的最大化。因此，我们需要在乡村规划设计立题中不断培养学生在此方面的觉察力和敏锐度，从一两个关键点着手挖掘日趋多样化的群体需求，提升整合较复杂社会现象的协调能力，从而使主题能够在回应新兴需求的同时缓和一部分冲突矛盾。海南省乐东县岭头村设计案例（详见本书第五章第一节）展示了如何通过刻画群体需求特征形成设计立题构思。该村位于“大三亚”旅游经济圈西端，得益于当地日光充足的海岸景观和日渐便利的交通条件，吸引了富裕起来的外省中高收入阶层群体，近年来在此形成了冬季避寒的新经济增长点。小组成员通过调研发现，原村民和在此定期旅居的候鸟人群两部分社会群体之间既缺少较为深入的沟通交流，又构成了对景观生态资源和公共服务设施的争夺。同时，他们也发现随着原村民迁入新居，具有地域特色建筑风格的老屋区目前处于闲置状态，而且从地理位置上看，老屋区恰好位于新村、旅居度假村、渔村和海滩之间。综合考虑后，设计小组提出了“候鸟入老屋、山海共此处”的立题，既盘活了老屋资源，建立了新的公共服务和商业设施，也能够以老屋区为空间载体丰富候鸟人群的旅居体验，增进了与原村民的精神文化交流，还能够以此吸引短期游客到访，帮助村民就业增收。在这一主题下，设计小组进一步在空间塑造、文化传承、产业发展、活动策划和运营维护等方面综合考虑多样化需求，努力促成社会群体的共建共享和沟通融合。

## 第四节　空间叙事：以人为本的乡村场所营造

空间叙事是在乡村规划设计中将以上所有思考变现，特别是将设计立题具象化的最终步骤。叙事，简单而言就是讲故事，既是讲述故事本身的内容，又是内容赖以传达的方式，既是结果又是过程。与文字和声音工作者不同，作为未来规划师的学生应当学习磨练用空间讲故事的能力。这些空间既包含乡村地域内的生产空间、生活空间和生态空间的“三生空间”，也包含乡村公共空间和乡村非物质文化遗产的展示和体验空间。多种乡村空间是相互联系、相互交融、相互渗透的。人类从生态空间中不断获取用于生产生活的产品和服务，通过集中的空间生产形成了生产空间和生活空间；生产空间是生存的保障，关系到城乡居民的温饱问题；生活空间是生活的场域，影响着乡村居民的幸福程度；公共空间是交往的纽带，孵化了乡村社会的社会资本；非遗空间是精神的载体，维系着乡村的过去、现在和未来。多样化的空间叙事能力包括分级分类的管制引导，包括再造价值的植入重构，包括细致入微地修复改善，还包括不同空间之间的平衡协调，其最终目的是营造以村民为主体的人本乡村场所空间。

### 一、青山绿水：乡村生态空间

生态空间可分为生态保护红线区与一般生态区。其中生态保护红线区包括重点生态功能区、生态敏感脆弱区和其他生态功能区，具有水源涵养、防风固沙、海岸防护和生物多样性维持等生态功能。一般生态区则是红线区外的林地、耕地、草地和水域等生态空间，有些附着一定的生产和生活功能。在城市蔓延和不合理的乡村开发的冲击下，部分乡村生态空间遭受了侵害，生态功能遭到了破坏。因此乡村规划应将保护和修复自然生态放在首要位置，遵从原有的自然生态本底和空间秩序，禁止保护红线区内的工业化和城镇化开发，平衡协调一般生态区内的生态保护与乡村建设，在生态可持续发展的基础上探索乡村发展的多样化途径[9]。

在教学过程中，我们尝试加强学生对国家生态保护政策和乡村生态空间的理解，清晰界定村庄面临的现状生态问题；基于乡村空间生态质量评价，应用生态空间网络构建、生态空间修复和环境治理方法，确定乡村生态空间规划整体框架。在对乡村生态空间进行规划设计时，首先考虑根据建设适宜性、环境承载能力和经济发展要求，划分强制控制区、引导控制区和一般控制区；其次研究梳理可建设区域内的林网、水网和坑塘体系等生态网络，分析现状各生态要素的分布特征，挖掘生态旅游资源，制定多样化的生态空间经营策略；最后需要考虑对遭到破坏的生态空间和资源进行修复，例如治理水资源、修复森林植被和破碎山体、恢复湿地物种多样性等。在微观设计层面，可将生态资源转化为景观资源，例如利用山林建设山地公园，依托水域建设滨河碧道，利用农田打造农业观光区和体验区等，服务当地村民和外来访客，增强生态空间的多样性、趣味性和生产能力。以上针对乡村生态空间的策略方法在半天云、大喜、上围和红湖等村的规划设计中得以充分体现。

## 二、宜业宜游：乡村生产空间

乡村生产空间以生产功能为主导，向城乡居民提供丰富的生物质产品和非生物质产品及服务。随着乡村产业的多样化发展，生产空间也从一产主导朝一二三产连通融合的方向转型，不断附加生态保育、休闲旅游和文化传承等功能形式。乡村生产空间系统在长期相对滞后的基础设施和农业固有脆弱性等现实短板的基础上，也面临诸如主体需求错配、空间矛盾冲突、土地利用粗放和环境压力加剧等多重挑战。“十四五”规划中的农业农村发展板块重视土地对农村发展的带动作用，提出以乡村土地作为载体吸纳人才、资金和技术向农村流动，为推进乡村振兴提供动力。这就要求我们重视乡村土地的高效利用问题，思考如何促进农业现代化和乡村产业高质量发展，引导乡村生产空间实现协调的良性循环。

在教学过程中，我们要求学生在分析阶段充分了解乡村内外产业发展现状和乡村生产空间的地理分布，在设计立题阶段将产业发展构想融入村庄整体发展目标愿景并提出切实可行的发展策略和模式，最终在空间叙事阶段针对传统优势产业、内生驱动产业和外来植入产业等类型进行空间统筹和细致考量。针对乡村生产空间规划设计的教学有一些值得关注的要点。首先，乡村生产空间的规划设计应保障核心生产空间的完整功能。永久基本农田是为保障国家粮食安全和重要农产品供给，由自然资源主管部门依法划定实施永久特殊保护的耕地，处于乡村生产空间的核心位置。因此，我们需要向学生明确耕地保护国策的意义所在，不得占用永久基本农田进行非粮非农建设。其次，乡村生产空间的规划设计应致力于提高第一产业的产出能力和现代化水平。相关做法包括发挥优势资源推动现代农业发展，打造生产标准高、产品质量优、示范效果好的现代农业基地；加强特色农产品的规模化和定制化生产、包装设计和媒体宣传，建立自有品牌；拓展丰富农产品的营销体系，鼓励建立村企合作、城村对接、农超对接等多样化的线上线下营销方式，并逐步建立农产品专属配送系统。此外，乡村生产空间的规划设计还需要探索让农业“接二连三”的三次产业融合发展路径，考虑实现多元目标的空间。例如，对于兼具良好自然资源和种植产业基础的村庄，可采用“农业＋旅游业”发展模式，将农业本身的发展与农业观光、农业科普、农业休闲和农活体验等活动结合起来。在这样的情况下，就需要引导学生因地制宜地设计多样化的农产加工、农作体验、特色食宿、节庆展演和技术培训等衍生生产空间。

## 三、文明宜居：乡村生活空间

生活空间是以生活功能为主导的空间，是人类为了满足居住、消费、娱乐、医疗、教育等不同需求而进行各种活动的空间，串联起了生产和生态空间。乡村生活空间是村民居住、消费和休闲娱乐的场所，主要由村民住宅建筑集聚围合而成的空间构成。其形成与发展往往随着生产环境、人文环境、社会生存环境的变化而变化。乡村生活空间是乡村发展的缩影，透视了乡村地域的人地关系。原生的乡村生活空间在空间形态上分布零散，个体规模较小，生活资源集约性差，居民活动范围有限，缺乏交往休闲空间和生活服务设施配套，需要进行引导和规划。

在教学过程中，我们引导学生从改善卫生环境、加强设施配套和提升整体风貌等方面着手进行乡村生活空间的规划设计。在改善卫生环境方面，通过新增雨水沟渠、污水管道和小型污水处理设施，促进形成雨污分流的排水体制；通过科学分离村民生活和禽畜养殖区域、改建增建垃圾分类投放点和垃圾清运站、建立村庄保洁制度，提高乡村卫生水平；通过街巷环境整治，拆除清理宅基地范围外的违章搭建和堆放，清理沿街广告和架空线，提升村庄生活空间的环境品质。在加强设施配套方面，秉承“设施健全、品质宜人、实施可行”的建设原则，结合村庄设施现状问题和村民、使用者的感受需求，补充新的设施，并对原有设施进行升级完善；针对道路交通设施，打通村庄内外特别是与中心村和镇中心区的联系，疏通村庄内部路网系统，提升村庄道路设计和路面品质，并利用宅间闲置空地增设停车位和窄路错车空间；针对商业和公共服务设施，引导学生对集市和村小展开重点设计，改进增设社区卫生服务站和养老驿站，丰富文体设施。在提升整体风貌方面，对村内建筑特别是新建农房的建筑形式、建筑装饰和建筑色彩等方面进行引导，形成相对与周边建筑统一、与自然环境和谐的外观；结合不同人群的使用需求创造多样化的功能空间，提高村口、节点空间和村庄公共建筑的设计水平和景观品质，营造氛围友好的公共场所。

## 四、纽带激活：乡村公共空间

乡村公共空间是乡村居民塑造社会关系、参与公共活动、管理公共事务的场域，包括长期以来自发形成的村内街巷和集体性场地以及后期规划建设的大中型公共空间，同时具有乡村的独特性和公共空间的开放性。乡村公共空间是乡村生活空间的有机组成部分，也是讲好乡村故事的重点所在。传统乡村公共空间承载了生产、买卖、集会、选举、宴请、演出和节庆等日常活动，促进了人与人、人与环境之间的沟通，提升了村庄的凝聚力和向心力，反映了多姿多彩的乡村公共生活。伴随着人口结构的变化和传统公共生活的式微，在小农经济下形成的传统乡村公共空间出现了不同程度的衰败和破坏现象；新建乡村公共空间由于缺少规划设计经验和资金管理投入，往往出现远离居住空间、大而无当、千篇一律、缺乏人性化设计和使用率低等突出问题。因此，这方面的工作重点在于重新建立兼具延续传统公共生活、满足现代生活及交往需要和支撑乡村产业发展的新型乡村公共空间。其本质是要寻求一种行为和空间之间持续的互动关系，发挥乡村公共空间的纽带作用：活跃的行为活动能够创造积极的空间氛围，增加使用者对环境的信赖感和依附感；具有吸引力的积极空间能使人们自发参与公共活动之中，进一步激活人际联系，使得空间处于一种不断延伸、运动的状态。

在教学过程中，我们引导学生在充分了解乡村风俗特色、村民生活习惯和村庄发展方向的基础上，判断村内不同公共活动的空间需求和不同乡村公共空间的质量；针对需求和现实之间的矛盾加强空间规划设计引导，促进活动发生和活动停留，增进公共空间的有机联系，并适度考虑未来的发展空间。例如，在凤凰古村案例中，设计小组基于不同使用人群的需求和整体景观格局，对村内外的公共空间进行了有益的梳理和改进。具体而言，在整体布局上，鼓励学生以增强适应性为前提，对现有公共空间体系进行结构重组和形式创新，替换或植入具有活力的功能，形成新的功能复合体，以充分满足村民和访客的需求；在建筑景观上，一方面考虑巧妙结合村落内外的自然景观要素，另一方面合理改造现有公共建筑和零星边角场地，并通过研究村民行为特征和行为习惯，创造出适合交往沟通的全年龄友好型公共空间。

## 五、价值回归：乡村非遗空间

非物质文化遗产是各社区群体和个人代代相传的社会实践、观念表述、表现形式、知识技能以及相关的工具实物、手工艺品和文化场所，是文化遗产的重要组成和旅游开发的资源依托。我国乡村地域是非物质文化遗产的宝库。乡村非物质文化遗产多以传说故事、民俗习惯、传统技艺、音乐戏剧等为载体，反映不同历史阶段乡村农业生产条件、物质生活水平、社会组织架构和村民互动方式。非物质文化遗产不仅传承着过往的文化内涵，也启迪了现代的文化价值，为乡村成长壮大提供丰厚动力来源和养分滋润，潜移默化地影响着村民生活方式和行为规范。乡村非物质文化遗产的保护和开发，是实现乡村文化振兴目标的重要途径，也是乡村规划设计的主要任务之一。非物质文化遗产与乡村生态、生产、生活和公共空间广泛结合，体现出多样性、可变性和共享性特征[10]。一方面非物质文化遗产元素可以借助固定的文化活动得以在乡村公共建筑和乡村公共空间内展现，例如与具有集体性、表演性和娱乐性的传统节庆活动相结合，设置如演艺广场、会堂舞台等场地设施，丰富乡村居民的精神生活。另一方面，通过非物质文化遗产生产性保护，将自发自享的文化作为商品进行生产流通，融入产业发展形成乡村生产空间。近年来，一些乡村深入挖掘非遗项目蕴藏的文化价值和经济价值，通过引入建立特色种养园、手工作坊、影视基地等产业空间，形成产业化经营模式，带动当地经济发展和村民增收。

在教学过程中，我们引导学生深入理解在地文化的演化历程，挖掘乡土文化底蕴，鼓励发散性和创造性思维，将非物质文化遗产元素充分导入乡村空间设计之中，并以商品化和艺术化的手段将其活化。具体而言，可以文化展示、互动体验和旅游观光为主干，结合民间习俗、民间信仰、民间审美，提取有代表性的文化符号，设置系统性的非遗路线和非遗空间，进而打造沉浸式非遗文化体验基地；还可引导学生进行富有地方特色的细部设计，例如设计融合非遗元素的公共服务设施和景观小品等，这些设施和小品既改善人居环境品质，也塑造独特的乡村风貌，促进文化旅游产业的发展。例如，在上围村的案例中，一组学生就依托“茶果节”这一乡村非物质文化遗产形式在村域和集中居民点两个尺度上对村庄空间作出多样化的特色设计，取得了不错的效果。

## 参考文献

[1] 城乡规划学名词审定委员会 . 城乡规划学名词 [M]. 北京：科学出版社，2021.

[2] 宁志中 . 中国乡村地理 [M]. 北京：中国建筑工业出版社，2019.

[3] 洪亮平，郑涛 . 乡村规划中乡村人地关系基本认知方法研究——以扬州市江都区为例 [J]. 城市规划，2018，42（11）：20-32.

[4] 周国华，吴国华，刘彬，等 . 城乡融合发展背景下的村庄规划创新研究 [J]. 经济地理，2021，41（10）：183-191.

[5] 周明茗，王成 . 乡村生产空间系统要素构成及运行机制研究 [J]. 地理科学进展，2019，38（11）：1655-1664.

[6] 唐燕，赵文宁，顾朝林 . 我国乡村治理体系的形成及其对乡村规划的启示 [J]. 现代城市研究，2015（04）：2-7.

[7] 吴理财 . 中国农村社会治理 40 年：从“乡政村治”到“村社协同”——湖北的表述 [J]. 华中师范大学学报：人文社会科学版，2018，57（04）：1-11.

[8] 李娜，刘建平 . 乡村空间治理的现实逻辑、困境及路径探索 [J]. 规划师，2021，37（24）：46-53.

[9] 黄安，许月卿，卢龙辉，等 . “生产—生活—生态”空间识别与优化研究进展 [J]. 地理科学进展，2020，39（03）：503-518.

[10] 乔莉伟 . 乡村振兴视角下非物质文化遗产保护利用研究 [D]. 咸阳：西北农林科技大学，2021.

# 第三章　生态农业导向型乡村规划设计

## 第一节　故垄新作、归乡田居：海南省乐东县尖峰镇红湖村规划设计

### 一、认知乡村

红湖村位于海南省西南部，隶属于乐东黎族自治县尖峰镇，村域面积 20.3 平方千米，共有 483 户 2381 人，分为 3 个自然村，6 个村民小组，村民以黎族为主。该村地势东北高，西南低，背靠我国第一个以热带雨林为特征的国家森林公园——尖峰岭国家森林公园，面向北部湾，自然风光得天独厚（图 3-1）。红湖村有各类农用地面积 12000 亩，以种植火龙果、瓜菜和水稻等为主，是一个典型的热带地区农业少数民族村落（图 3-2）。

图 3–1　红湖村鸟瞰

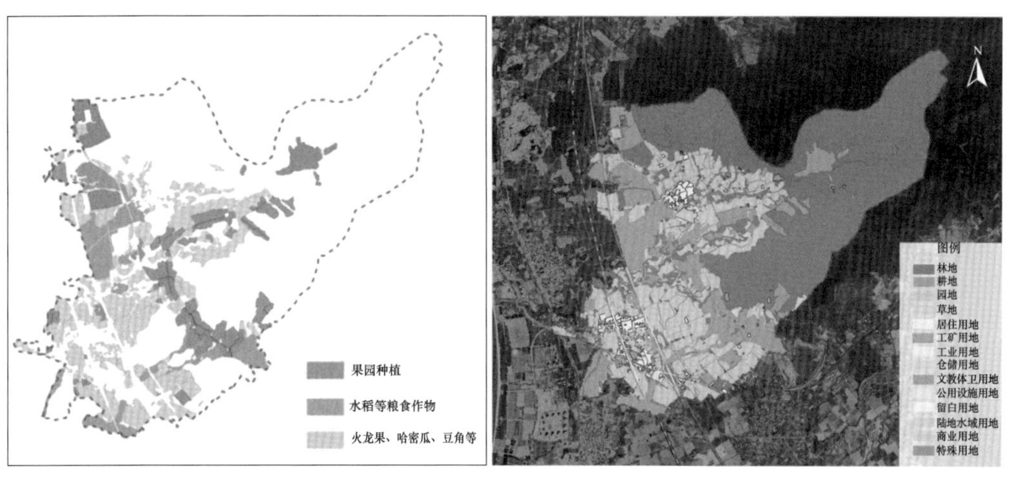


图 3–2　红湖村土地利用现状和农业种植分布

作为传统黎族村落，红湖村历史底蕴丰厚，物质和非物质文化遗产形式多样，拥有黎锦、黎陶等传统技艺，鱼茶、南杀等饮食习俗，船型屋、金字茅屋等建筑式样以及“三月三”爱情节和以打柴舞、祭祀舞、舂米舞等传统歌舞为代表的文化活动（图 3-3）。然而，在现代化生活方式的冲击下，目前红湖村也面临着日益严重的历史文化遗存流失和传承断层现象。

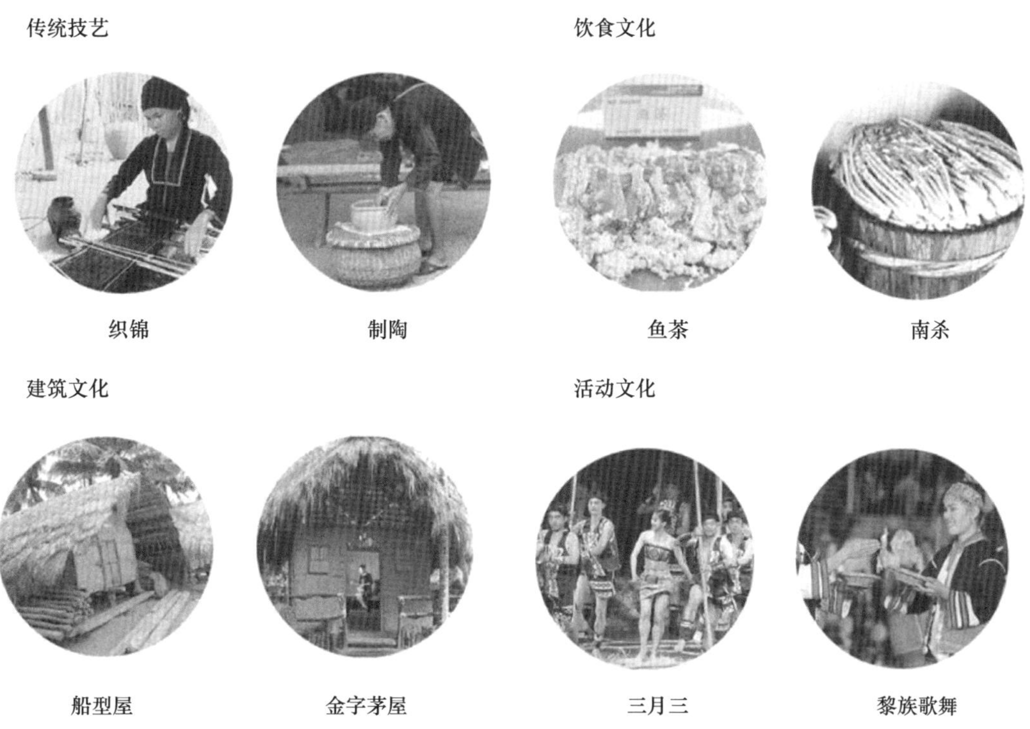


图 3–3　红湖村黎族文化遗存

从更宏观的区位上看，红湖村及其所在的尖峰镇位于海南“大三亚”旅游经济圈西端，三亚中心城区至莺歌海新城的发展轴带上（图 3-4）。与相对开发成熟的经济圈东翼不同，目前西翼处于初期开发阶段。乐东县积极承接三亚旅游需求外溢，将该片定位为“农业—文旅—海产”一体化的综合发展区域。新的政策背景给红湖村乡村振兴带来巨大的利好，为其充分发挥潜能创造了契机。

图 3-4　红湖村在“大三亚”旅游经济圈发展规划中的位置

综上，红湖村具有的显著特征包括山海风光、特色农业基础、民族文化和旅游发展潜力等。在初步认知的基础上，小组成员针对这些发展条件的具体表征、运作机制和空间分布进行进一步调研，从而完善对红湖村的分析，为规划设计打下良好基础。

## 二、分析乡村

通过对红湖村发展现状的剖析，小组成员总结出该村当前发展的五方面问题，分别是自然之失、产业之失、生活之失、文化之失和人口之失（图 3-5），并基于对这些方面的剖析提出针对性的解决之道，提炼出乡村规划设计方案的核心理念。

自然环境方面，红湖村一方面拥有“山海田”相结合的良好本底：该村背靠尖峰岭国家森林公园，拥有丰富的动植物资源，被誉为“热带北缘的天然物种基因库”；面向北部湾的辽阔海域，境内有多座山峰风景优美，宜眺宜游；也具有充沛的耕地资源，可种植多样的农作物，物产丰饶。另一方面，在发展中，红湖村的自然环境也受到一定约束约束和挑战：由于葫芦门水库上游的钼矿开采，影响了水库水质，也破坏了山体的自然风貌；未经处理的农业和生活污水直接排放，造成河道污染和水生态受损；由于降雨季节性强，用水量时空分布不均，灌溉和水治理设施的欠缺导致较多耕地处于闲置状态。通过访谈，多数村民表达希望治理人居和生产环境，依托优势自然条件开发观光旅游的愿望。

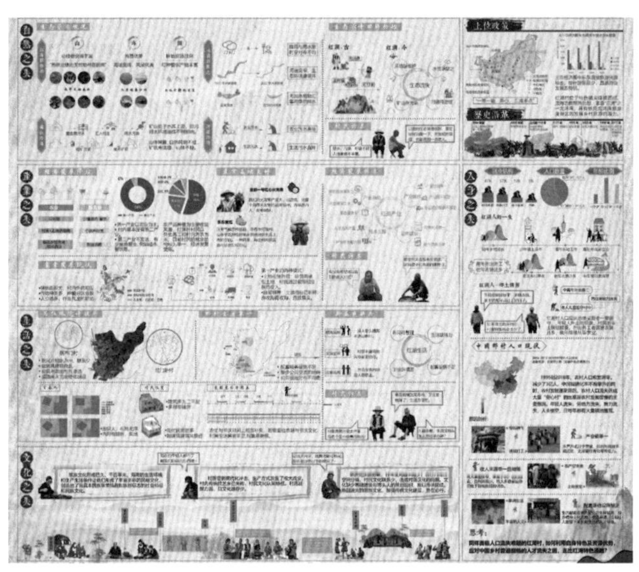

图 3–5　红湖村主要发展问题分析

产业经济方面，红湖村以第一产业为主，钼矿关停后欠缺第二产业支撑，第三产业目前也不发达，仅有少量支撑当地基本生活需求的零售业、餐饮业和服务业。金都一号红心火龙果和乐东蜜瓜是当地特色农产品，已有土地租赁外包规模化种植。农产品种植销售和外出务工是村民的主要经济来源，留在当地的村民就业结构简单，经济发展和生计能力受限。村民希望引进农产品加工和发展品牌化战略，也希望通过旅游业促进就业和收入多元化，具有强烈的改善意愿。

生活条件方面，村内两个聚居点——葫芦门村和红门新村之间相距较远，连通不便；村内公共服务设施不足，村民需要前往临近的岭头等村借用，设施的空间分布也不均匀，仅有的设施集中于红门新村，葫芦门村则缺少相应配套；村内建筑布局杂乱，缺乏社区公共活动空间，道路硬化水平低，卫生条件需要提高。访谈发现，村民盼望增加菜市场、卫生室和公共活动场地，以提升生活便利度和社区归属感。

文化纽带方面，由于当地为黎族聚居区，千百年沿袭下来的生活环境和生产方式塑造了独具一格的民俗文化，但在现代文化的冲击下，这些生产生活方式已然发生了极大的改变：受汉语影响，黎语的日常使用面越来越狭窄；村内传统黎陶技艺和黎锦技艺后继乏人，面临失传危机；村里已经几乎没有遗留的历史建筑，都改造为一般民房；定期的“三月三”节庆活动由于缺少舞台场地，活动规模受限；传统民族文化缺少基础建设支撑与带头人的策划经营，难以传承延续并发挥经济效益。以上种种都导致村民相互之间的认同感低，村落凝聚力弱，文化传承既缺少能人引领，也缺少场地空间。营造宜于发扬传统文化的土壤，唤回衰微的黎族文化生活习惯，势在必行。

人口结构方面，与诸多中国传统乡村一样，红湖村总体呈现出老幼留守、中青断层的现象，给生产活动和乡村治理带来巨大的挑战。典型的普通红湖村民在乡间成长，镇上求学；青壮年离乡在外地打工成家，偶尔回乡探望；中老年表现出强烈的乡土情结，往往回归乡村或前往临近地区工作，并兼顾家庭需求。就业人口在当地不能得到充分的工作机会，不能享受便利丰富的生活条件，成为红湖村人力资源和人才流失的主要症结所在（图 3-6）。

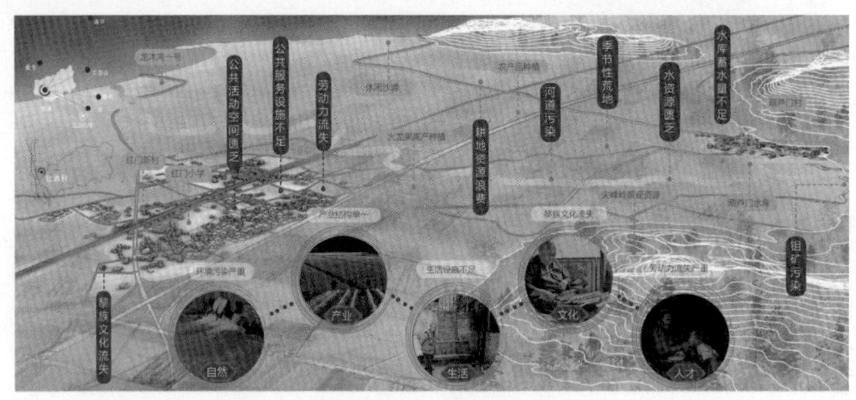

图 3–6　红湖村发展典型问题的空间分布

## 三、设计立题

通过以上分析，我们发现红湖村的优势特征和问题瓶颈都非常鲜明，因而在规划设计教学中，我们引导小组成员通过发掘资源进行针对性回应。讨论比较之后，小组成员最终形成“以田促归”的整体构思，提出“故垄新作，归乡田居”的设计口号：即通过促三产引导经济归，通过润生态实现自然归，通过带生活实现生活归，通过兴文化实现文化归，统领起来，实现游子归、村民精神归和游客心灵归相结合的全面归乡。这一主题也充分契合了生态、生产、生活等多方面发展目标。

具体而言，经济归的策略包括通过引入科技农业和设施农业、进行集约高效规模化种植和村政企联合运作机制巩固第一产业发展；通过民族特色产品制作和农副产品粗加工促进一定程度的第二产业振兴；通过发展观光旅游和民族文化旅游、完善农副产品物流运输体系终端服务和进行线上线下产品营销等方式兴旺第三产业。自然归的策略包括以修复矿山和治理河道污染为主题的生态修复，挖掘尖峰岭林地资源、水环境资源和农田资源的景观效应，以及对于水环境和水生态的整体性复育措施。生活归主要考虑对村庄的基础设施、公共服务设施和交通设施进行新建、提升和改造以及对公共空间进行梳理和营造。文化归的策略包括建造展览馆和黎锦工坊等文化建筑，以“三月三”活动为核心振兴文化节庆，通过改善公共建筑和民宿建筑的风貌、建设民俗文化特色街区构建浓郁的文化氛围。这既有利于保全当地民族文化特色，也有助于提供支持旅游开发的吸引物。以上“四归”的最终目标在于实现人口归，即通过增收入、美环境和聚精神实现村民归心，通过优工作和创氛围实现游子归乡，通过风景、农居和文化吸引游客回归田园（图 3-7）。

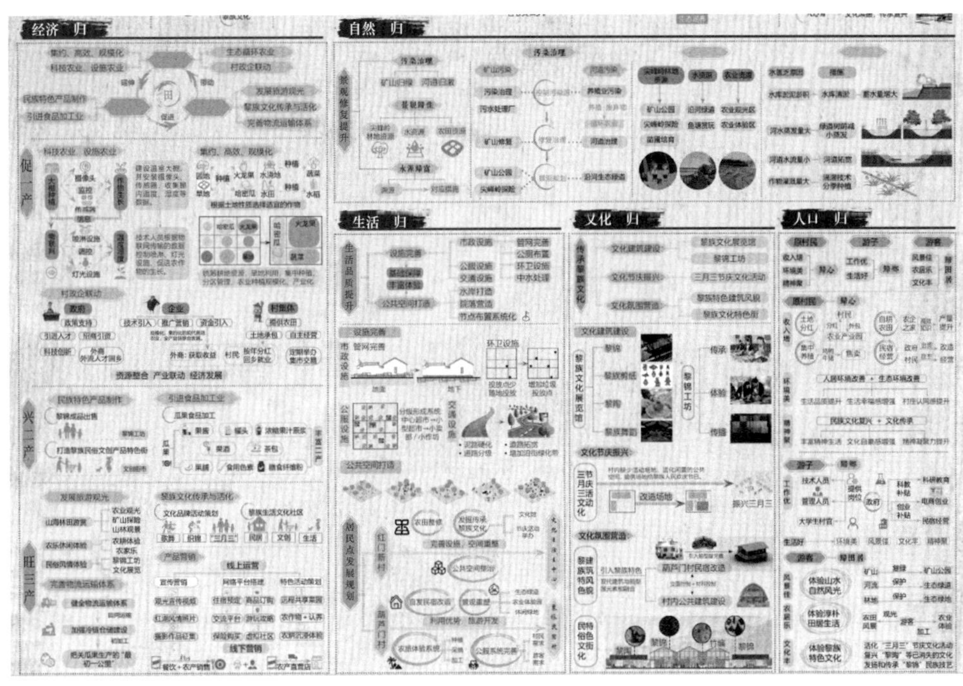


图 3–7 红湖村乡村规划设计理念

在以上理念和具体策略的框架下，我们进一步引导小组成员思考空间上的规划设计问题，考虑实现不同策略的具体位置和相关要求，并以设计大纲图的形式加以落实，为下一步展开具体的空间叙事过程搭建清晰的框架（图 3-8）。

## 四、空间叙事

设计小组本着发挥村域各板块生态、生产和生活相对优势的原则，展开整体规划布局，对红门新村和葫芦门村两个主要聚居点及其串联的河道沿岸展开细节设计（图 3-9），并考虑了资源节约型循环农业开发、矿山修复、河道治理等重点课题的提升策略和保护开发机制（图 3-10）。

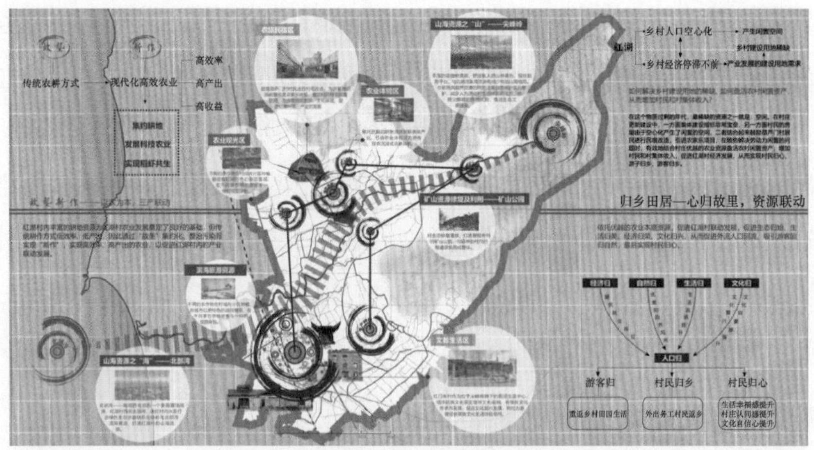


图 3–8　红湖村空间设计策略大纲

图 3–9　红湖村规划设计平面

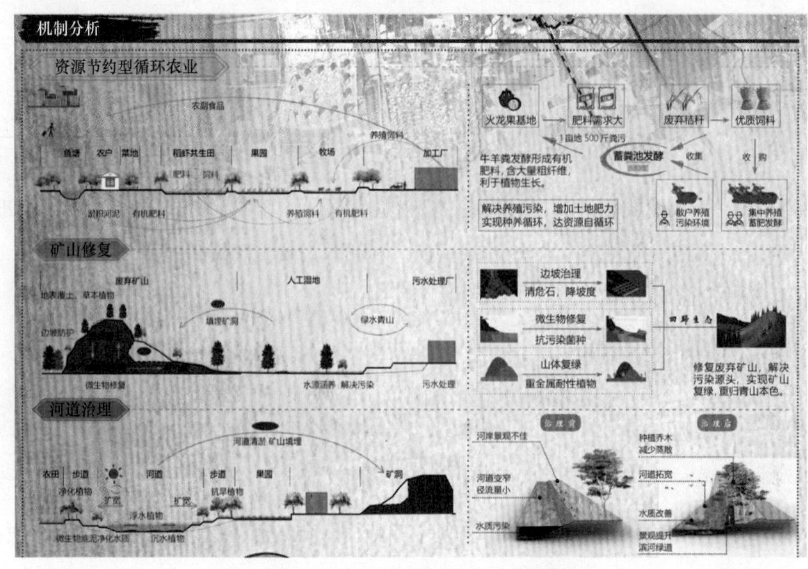


图 3–10　红湖村保护开发机制分析

葫芦门村处于农用地腹地，临近尖峰岭山体和河道水库，具有景观优势，同时也具有相对较完整的民族文化残存，是发展旅游观光产业，实现“自然归”和“文化归”的理想场所。由于该自然村住户较少，建筑较多荒弃，具有整体设计、分期开发的可操作性（图 3-11）。设计小组综合考虑多方需求，为垂钓、漫步、骑行、文化体验、农产品展销等活动分别设置了场地；以现代化材料重现黎族传统民居“船型屋”的建筑元素，新建和改造民宿容纳新增的游客住宿需求，并引入个体开发和村集体开发两种运营模式；对村内街巷空间和公共活动空间进行布局梳理和设计改善，并新建公共服务中心、幼儿园等设施，提升村民生活便利度（图 3-12）。

图 3-11 葫芦门自然村设计平面

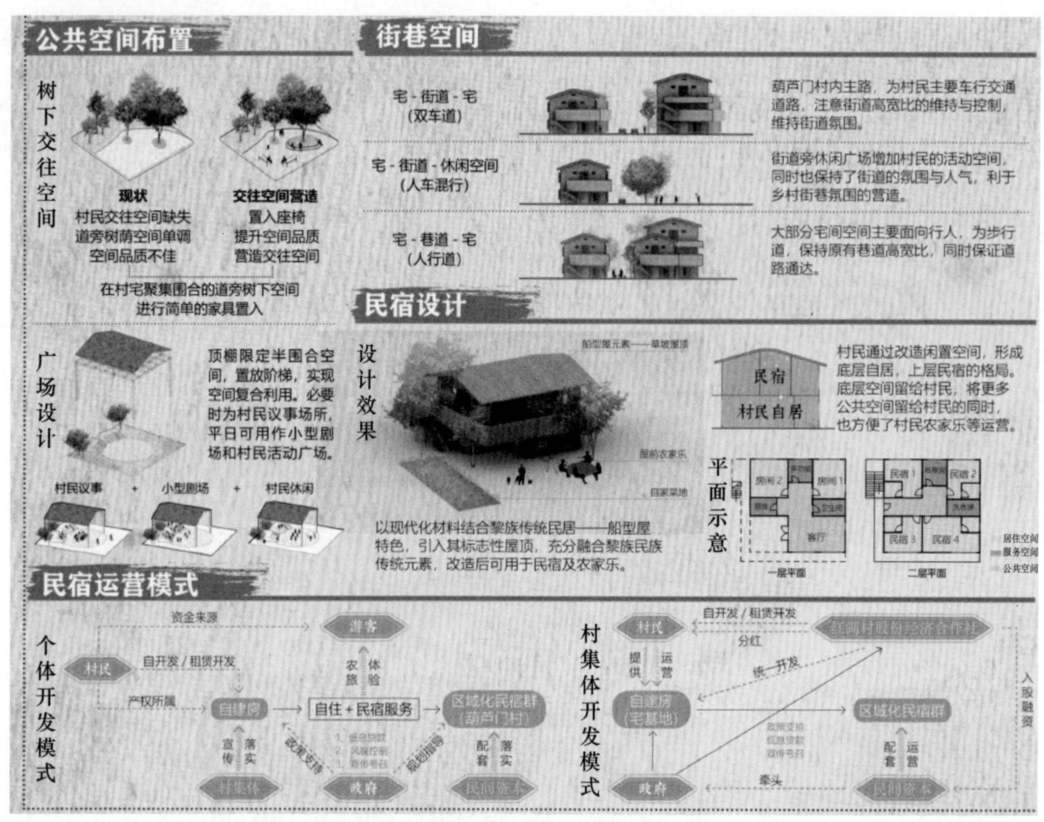


图 3–12　葫芦门自然村设计细部分析

红门新村是现在红湖村内主要的居民点，既有原来就居住于此的村民，也有从葫芦门自然村和其他地点搬迁安置的村民，因此规模较大且村居分布相对散乱。规划设计的主要任务是改善新村的人居环境和卫生条件、为新型农业生产提供配套服务以及通过打造村落主街激发活力和构建向心力（图 3-13）。村内主要纵向街道沿途原来就有村民市场、戏台等生活和文化设施。在规划设计中，小组成员将村民休闲生活和游客游览体验相结合，提出改善街巷断面和沿途建筑风貌，在入口处布置文化展览馆，提升改造戏台和节庆广场，串联民族文化特色街市、黎锦工坊、稻虾共生特色田和休闲广场等集客设施。主街和村域范围内的稻田旅游线、沿河旅游线和葫芦门村落形成旅游环线，有效增加游客驻留时间，丰富其游玩体验（图 3-14）。

图 3-13　红门新村设计平面

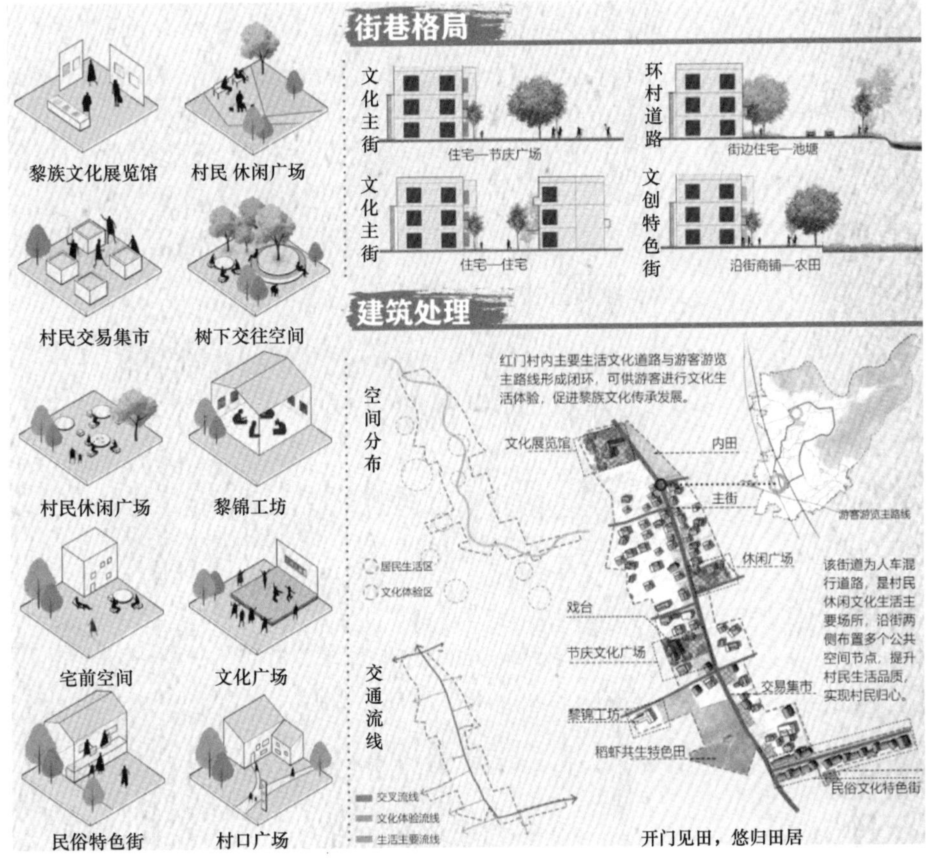


图 3-14　红门新村设计细部分析

### 五、方案简评

本方案通过对红湖村区位交通条件、历史文化底蕴、自然景观本底和乡村整体发展特征等方面的系统性分析，总结出该村发展的五大失落点，在新的时代背景下对应提出“五归”，并提炼成“以田促归”的主题，反映出设计者较强的归纳总结和逻辑梳理能力。在具体的空间叙事中，小组成员能够有效把握设计重点，因地制宜地设置差异化的乡村振兴路径，将上述主题转译为场所空间和建筑设计语言，说明小组成员具有清晰的设计思路和不错的方案表现能力。通过结合如下意见，此方案可以展示出更大的吸引力：尽管提出了“以田促归”的主题，但对于如何发展利用红湖村广大农用地和坡地田园的考虑仍旧着墨较少，影响了对主题的诠释；在本设计中，葫芦门自然村应该是旅游开发的集散中心，但缺少对入村道路交通组织和配套设施的考虑；村域总图相对葫芦门和红门新村各自的规划平面而言，图面效果相对欠缺。

设计小组成员：陈娉、张蕾、李宜静、黄嘉怡
设计指导教师：邵亦文、张艳、李云、陈宏胜

## 第二节　古木逢春焕新颜：广东省肇庆市高要区小湘镇上围村规划设计

### 一、认识乡村

上围村位于广东省肇庆市高要区小湘镇西南部，西江南岸，村域面积 8 平方千米，下辖 5 个自然村落，村内有 523 户 2520 人。村庄地势西南高，东北低，除东临水质优良的西江外，其余三面环山，生态条件优越。村内拥有着丰富的稻田、湿地、山林资源，是典型的滨江山水型乡村（图 3-15）。村落产业主要以种植业和养殖业为主，主要经济作物包括肉桂、水稻、黄皮和大头笋等，耕地面积约 1600 亩。

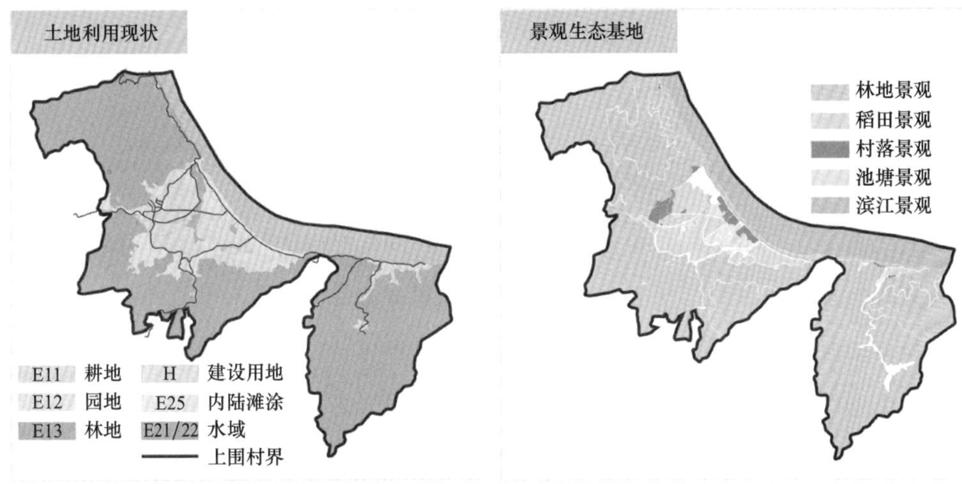


图 3-15　上围村土地利用现状及景观生态分布

上围村有近百余年历史，人文底蕴深厚，拥有多元文化基底。客家人与广府人于明清时期来此处定居，因此村落深受客家文化与广府文化的双重影响，村落核心区域布局整体呈广府宗族式特征，而外围则表现出典型的客家防御式布局。同时，由于西江流域的原住民疍家人在20世纪上岸定居后逐渐融入村落，上围村还呈现一定的疍家文化特质，保留着制作疍家米糕、蕉衫的习俗。除此之外，由于临西江而居，码头文化与纤夫文化也在上围村孕育而生。历史上依靠水路出行的上围村沿岸共有五个码头，但随着村民生活方式的改变，码头文化与驿站文化逐渐没落，疍家文化中与水上生活有关的民俗也不断消失，仅在码头旧址旁的船舫中依稀可见疍家人船内储存食物等旧时生活习惯。

物质文化资源方面，村域范围内保留着黄氏宗祠、吴氏宗祠两座历史悠久、保留较为完好的历史文化建筑。同时，因上围村曾建立红色据点，故保留着人民公社办公旧址及大锅饭堂旧址等红色遗留建筑，但因为年久失修处于荒废状态（图 3-16）。

图 3-16　上围村历史文化遗存

从宏观区位上看，上围村位于广佛肇半小时经济圈与粤港澳一小时经济圈范围内，在与周边城镇紧密联系并协同发展方面具有一定的潜在优势。此外，广佛肇半小时经济圈规划中提出的加强西部、北部地区的生态保护和加速建设以西江作为节点的生态屏障等若干构想也对上围村的生态环境建设提出了一定要求。从区域发展角度上，上围村处于《肇庆市高要区全域乡村建设规划（2018—2035）》提出的一条旅游副线上，未来对于该村开发生态景观资源、发展生态旅游业具有重要半小时带动作用。但就实际情况而言，该村目前总体上受制于三面环山、一面临江的地理环境阻隔，交通十分不便，进出只能依靠小型轮渡，因此人口外流现象严重，村庄发展较为缓慢，与周边城镇无法形成协同发展格局（图 3-17）。

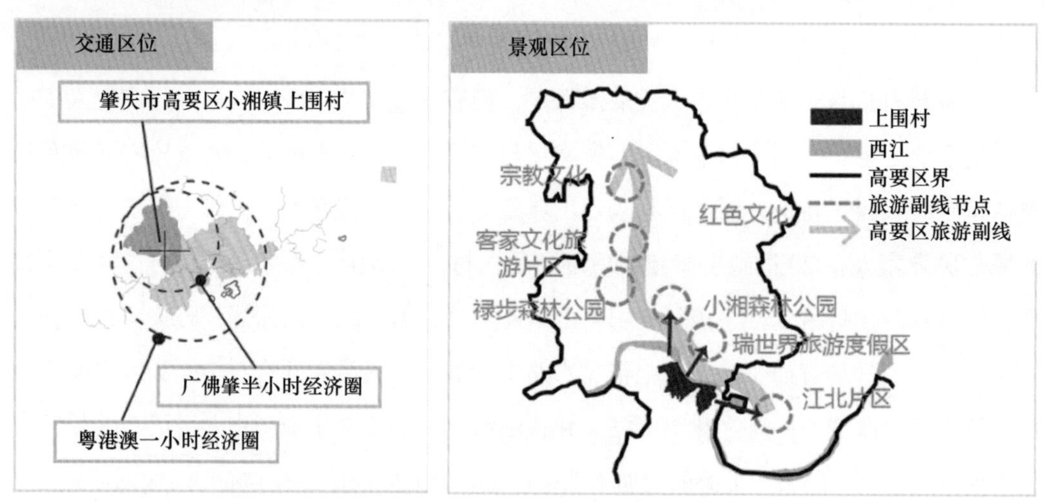


图 3–17　上围村交通和景观区位

综上所述，上围村自然生态资源丰富、人文资源底蕴深厚，且区位优势显著，拥有诸多推动乡村发展的良好条件，同时也存在着文化资源缺乏保护与传承、对外交通方式单一的制约因素。在课程教学中，指导教师引导小组成员思考如何开发乡村中各类资源的价值、发挥资源禀赋优势来解决制约乡村发展的瓶颈与问题，这是该村庄规划设计的重点与难点。

## 二、分析乡村

在对村庄概况有初步认知后，小组成员对上围村进行详尽的现场踏勘，以进一步了解上围村的发展现状，通过与上围村村民的访谈交流，把握村民对于村庄未来发展的诉求。在此基础上，小组成员在整合现场踏勘资料和村民访谈记录后，从交通、文化、生态、生计和生活五个方面剖析村庄发展过程中遇到的瓶颈以及问题成因（图 3-18），并从现状问题中提炼出核心矛盾，进而引入规划理念，引领后续的规划策略。

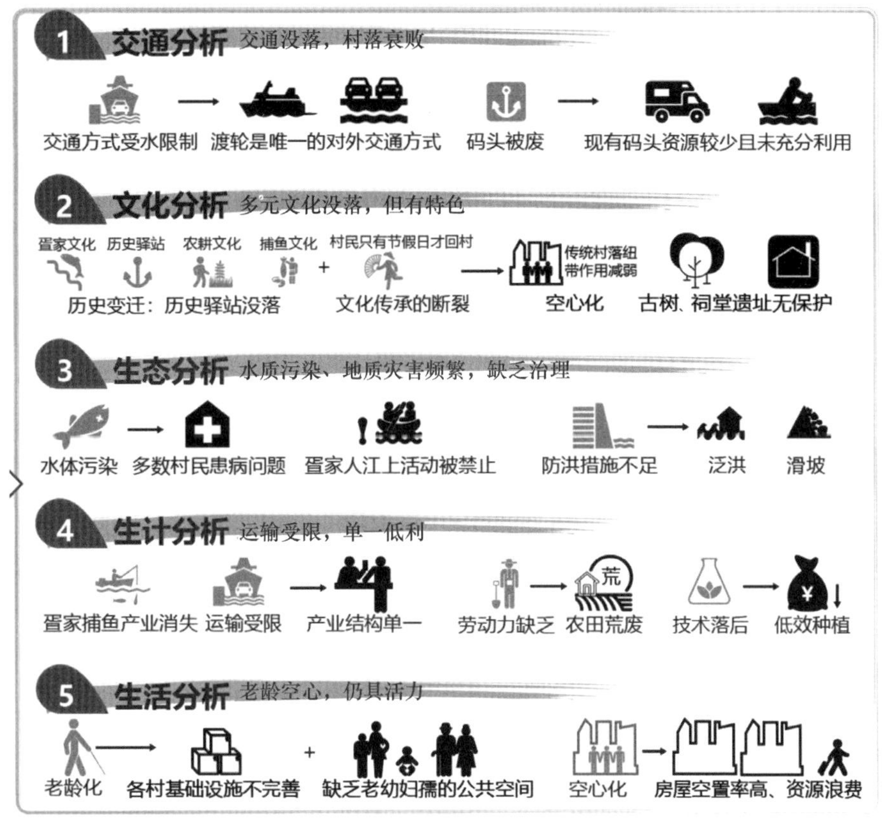


图 3-18 上围村现状发展问题分析

交通方面，上围村三面环山，紧邻西江，与外界的交通联系受地形限制，水路交通是村民出行的唯一途径。且随着疍家人上岸定居，江边码头被逐渐废弃，导致村庄当前仅有一个码头供村民出行，出行方式与交通设施单一严重限制了上围村与外界的联系及农产品运输和旅游业发展，造成村落发展的动力不足。

文化方面，上围村历史文化底蕴深厚，相互交融的客家文化、广府文化以及疍家文化塑造了上围村别具特色的乡村风貌与民风民俗。然而，由于现代文化和经济发展的冲击，依水而居、靠水而作的村民逐渐转向其他行业以谋求生计，与水相关的驿站文化与码头文化迅速没落。同时，青壮劳动力大量外出务工导致了村庄空心化问题严重，加剧了村落文化传承中断和衰败的现象。此外，村民对于历史文化遗存的保护意识相对薄弱，因而村庄内的历史文化建筑也没有得到合理的保护、利用与开发。

生态方面，上围村拥有得天独厚的生态景观资源，但由于资源开发利用有限，加之村民保护不当造成了较严重的生态问题。首先，由于排水系统不完善、养殖业废水胡乱排放、城市垃圾沿西江漂流而下等原因，上围村周边水体污染严重，对村民健康造成巨大威胁。其次，上围村周边山脉环绕，但村落对于潜在的生态灾害缺乏针对性的预防措施，洪涝灾害、山体滑坡等灾害威胁了村民的正常生产生活。最后，2006 年上围村为响应植树造林的号召，大规模种植桉树林，造成了生态破坏与生物多样性下降等环境问题。

生计问题即村庄产业问题，受交通、人才和技术等方面的限制，上围村的整体经济发展水平较差。首先，单一的交通方式严重阻碍上围村产业发展，造成村落主要以种植业与养殖业为经济支柱，无明显的二、三产业，产业结构单一，农产品运输困难。其次，村民迫于生计外出务工，青壮年人口流失现象严重；劳动力缺乏致使村落失去内生动力，大面积农田荒废，进一步限制了产业发展。最后，相对落后的耕种技术也使村落农产品的产出效率低下，经济效益增长缓慢。

生活方面，由于村庄青壮年大多外出，村内留守人群多为中老年、妇女及儿童，对公共服务设施以及活动空间需求更高，然而上围村公共服务设施配套不完善、道路狭窄陡峭、活动空间匮乏，无法满足上述群体的使用需求，甚至为村民日常生活带来诸多不便。此外，大量房屋空置造成了资源浪费，同时因无人修缮、老旧损毁导致了村落人居环境和风貌的进一步恶化。

总的来说，上围村发展面临着水路交通没落、传统文化衰败、生态环境破坏、产业结构单一、人居环境质量较低的问题，在明确上围村现状突出问题后，小组成员在后续的规划设计中对上述问题提出针对性解决办法。

## 三、设计立题

基于对上围村概况以及场地现状与发展问题的深入分析，该小组成员发现该村庄具有良好的区位优势、秀丽的山水生态景观、丰富的历史人文资源，然而这些禀赋优势却没有发挥出应有的价值，同时上围村还存在对外交通闭塞、传统文化没落、滨江腹地环境污染、产业凋敝且结构单一、人民生活质量低下等发展问题。经过总结提炼，小组成员进一步将村庄发展的四大核心矛盾概括为：水路交通与乡村振兴的矛盾；文化传承与发展的矛盾；水源污染与村民生活的矛盾；远郊区与产业发展的矛盾。针对上述发展问题与矛盾，在教学实践中指导教师引导小组成员从场地资源禀赋着手，经过反复的讨论和推敲，最终提出了“古木逢春焕新颜”的设计概念，该设计概念将拥有百年历史文化的上围村比作一棵古树，虽有着深厚的历史价值但外观破败（图 3-19）。在设计概念基础上，小组成员因地制宜地提出以水路交通振兴为切入点，与生活、生计和生态联动促进村落文化复兴和经济发展的整体规划思路，通过水路振兴、文化振兴、产业振兴、生态修复和人居环境整治等一系列针对性的规划提升策略和措施，解决制约村庄未来发展的五大现状问题，为古木带来春风，使得衰败的古村落重焕新颜，实现村庄文化保护传承发展、滨江腹地环境改善、对外交通环境升级、产业丰富欣欣向荣、村民生活品质提高的愿景。

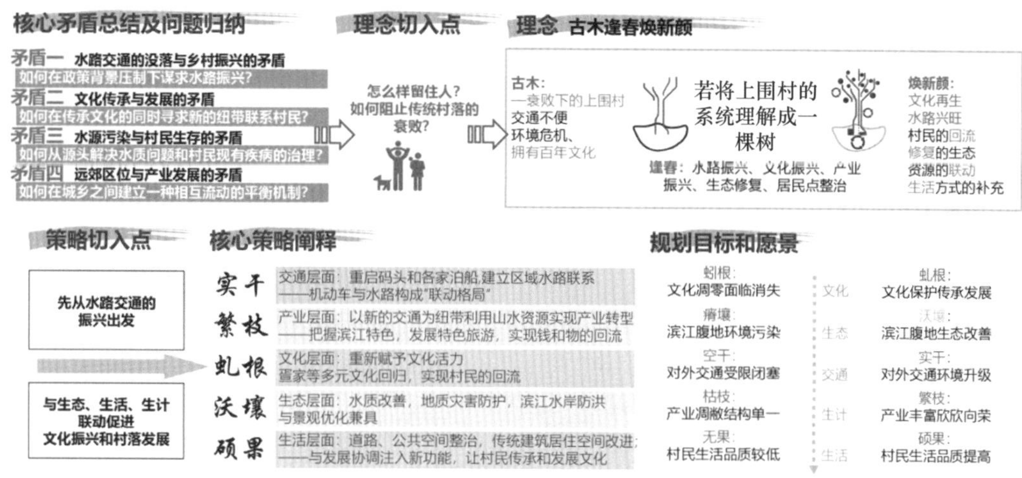


图 3-19　上围村乡村规划设计理念

第一，水路振兴策略。在区域交通联系层面上，借助西江航运资源新增航线，建立与周边小湘镇、禄步镇、肇庆市等区域间的水路联系，增强上围村与周边区域间的要素流动，为乡村发展提供外在拉力；在村内交通层面上，重启废弃的码头与各家泊船，设立观光货运码头和对外客运码头，打造不同航线，方便村民出行的同时吸引游客进行水上游船体验。

第二，文化振兴策略。针对特色文化逐渐没落的现象，小组成员在深度挖掘上围村的多元文化的基础上，结合生态、生计、生活三方面，创造发展新形式，激发文化多元活力，主要包括：进行生态环境整治，为文化提供良好的发展环境；推出特色文化体验与文化产品，创造经济价值；以深厚的文化底蕴滋养本地居民精神生活，吸引村民回流，进而反哺文化传承。

第三，产业振兴策略。首先，加强三产之间的联系，延长产业链。通过引进新技术、新手段来提高农产品产出效率，并对农副产品进行二次加工，依托改善后的水路交通对外出售。其次，结合本地山水资源发展虾稻共生、桉树养蜂、光伏池塘、桑基鱼塘等立体特色产业，实现产业升级转型。最后，把握滨江景观资源，挖掘在地文化的经济效益，打造别具特色的滨水乡村，推动文旅产业融合发展。

第四，生态修复策略。通过理水、修滨、护林实现生态修复与生态开发双链可持续发展模式。生态保护方面，对被污染水质，实施污水截流、径流管控，以人工湿地为载体，实现水体自净；通过种植生态防护林、涵养水源、修筑堤坝的方式防范自然灾害。生态开发方面，将修复后的人工湿地兼做景观湖，为村民提供戏水空间；基于良好的滨江景观，顺应滨江发展轴线，打造宜人的滨水空间；依托自然生态林，打造观光、探险、科普等多元化旅游体验项目。

第五，人居环境整治策略。对村庄道路、公共空间、老旧房屋等进行综合整治，优化村落人居环境，提升村民生活品质。在此基础上，盘活村落特色文化，留住本地居民的同时以村落生活与特色文化为依托，吸引外来游客，为村庄生活注入新活力（图 3-20）。

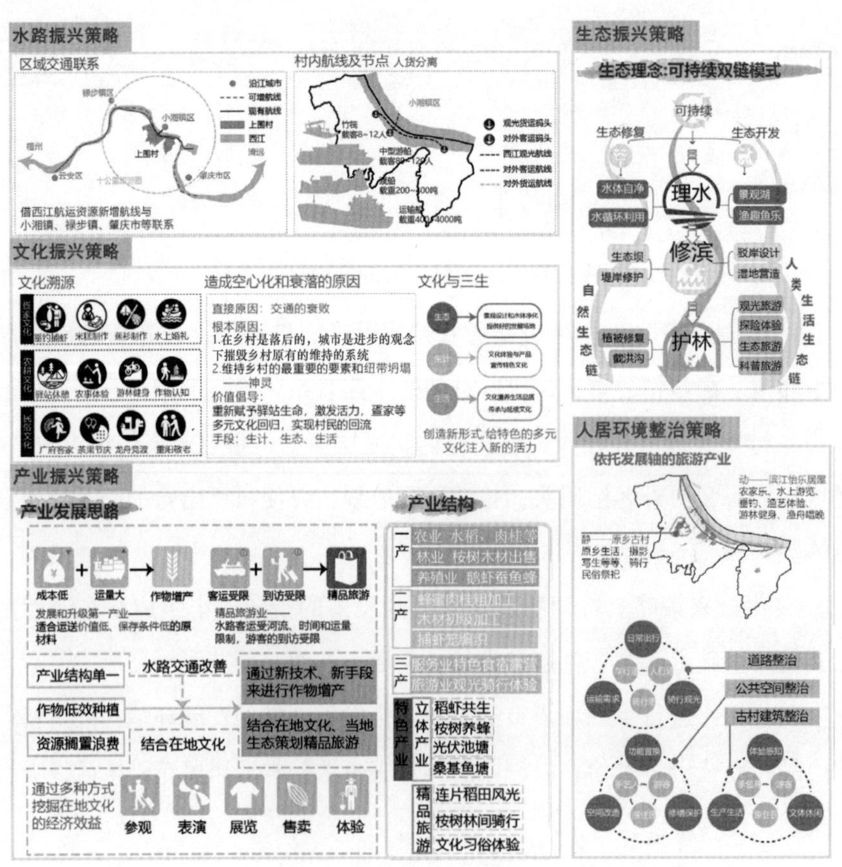


图 3-20　上围村乡村规划策略

## 四、空间叙事

基于上述设计理念，如何将发展策略在空间中落实下来是小组成员进行下一步规划的重点，指导教师引导小组成员根据乡村具体情况，分析村落不同区域的特质，形成规划设计总平面图（图 3-21），下面从产业空间布局、生态空间修复、居住空间整治、重点空间设计四个方面解析小组成员的设计成果。

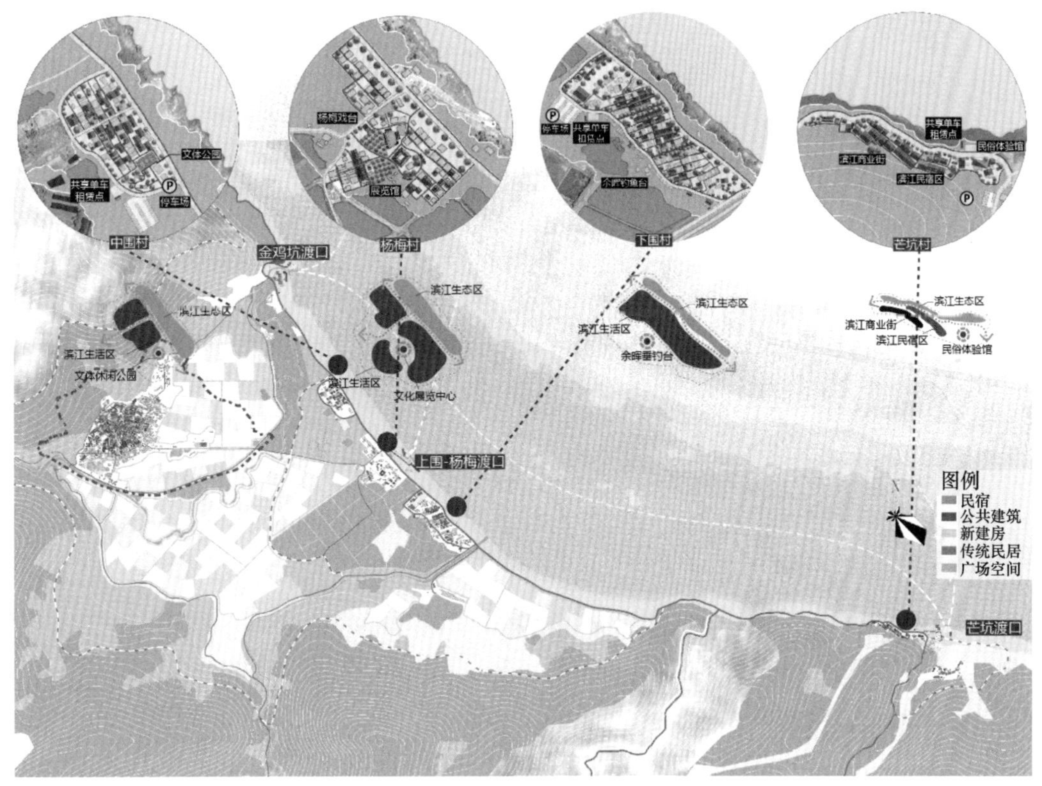


图 3–21　上围村规划设计平面

第一，产业空间布局。小组成员针对当地产业发展现状提出了以改善水路交通为基础，结合当地特色文化，优化升级乡村产业格局的规划策略。首先，针对农业生产率低下的问题，该小组提出，根据不同农作物的生长习性与收获时间科学轮番种植、混合种植的策略，以提高农作物的产量；基于现有的桉树、池塘、稻田等设计立体化农业生产模式，在具体村落中布置产业空间，在增进生态循环的同时增加单位面积的经济效益；同时规划采用合作社运营形式，发挥集聚效益，打造规模化、机械化生产模式，提高产品质量与生产效率。其次，除传统农业、加工业外，小组成员还充分发挥上围村独特的多元文化基因与钟灵毓秀的生态景观优势，将文化产业与旅游产业结合，发展“文化 + 民俗 + 体验 + 参观 + 游览 + 观光”的精品旅游业，并统筹布局村庄旅游景点；规划还推出品牌文化产品、APP 进行品牌宣传，以更多吸引游客、实现乡村旅游智慧管理（图 3-22）。

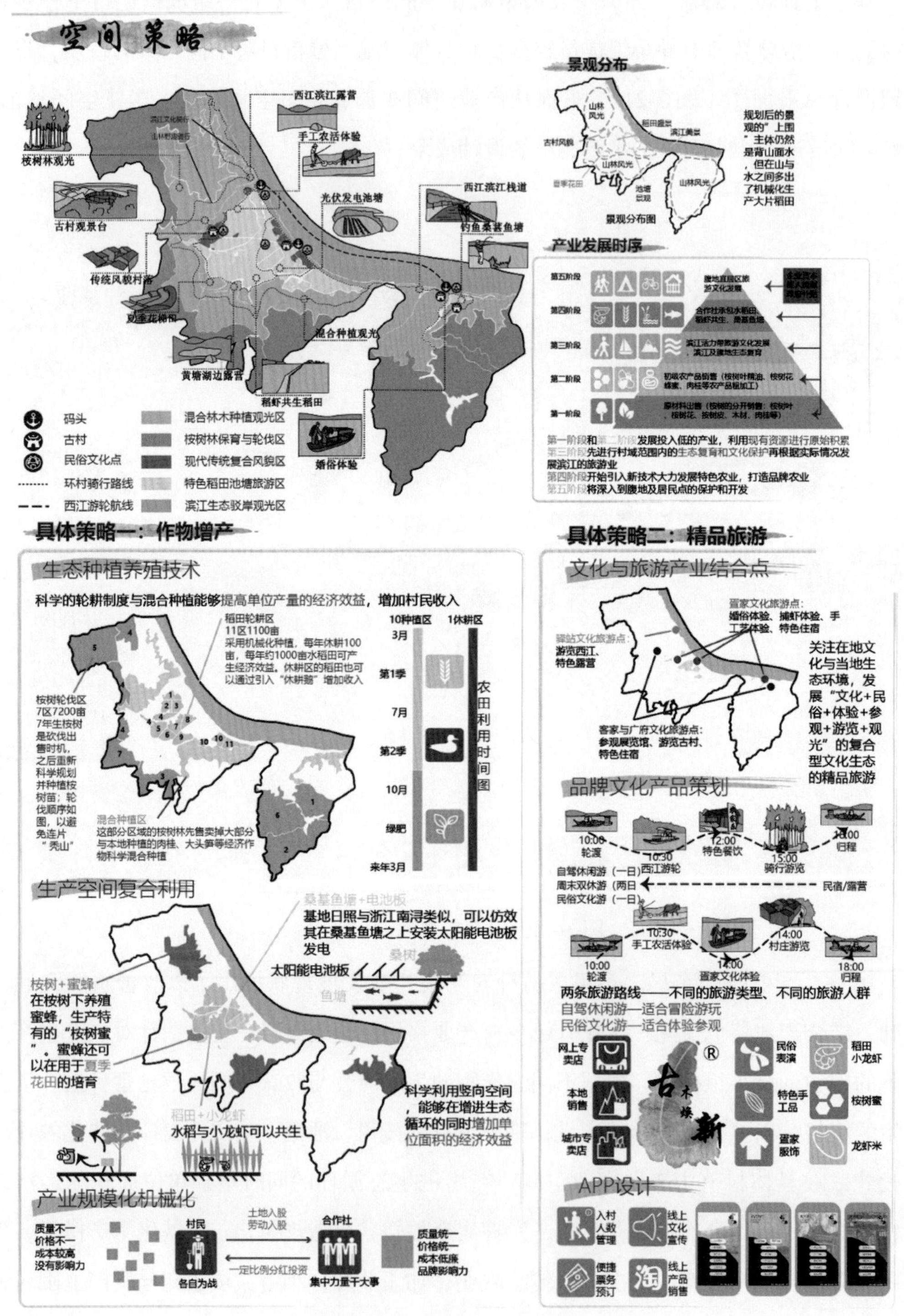


图 3–22　上围村景观和产业结合的空间策略

第二，生态空间修复。小组成员基于前期提出的生态修复与生态开发的双链发展理念，分别从水质改善、自然灾害防护、滨水岸线设计三方面规划空间实施策略。首先，水质改善具体策略包括：疏通湖泊与河流之间的通道，布局完善的环卫系统，实现给水蓄水、雨污分流以及污水处理；建立径流管控体系，利用生态滞留沟收集养殖污水、初期雨水和生活污水，减少污水影响、修复水质；规划设计人工湿地修复净化模式及景观湖空间打造形式，构架村落湿地多样性保护体系，发挥其涵养水源、净化水体的生态功能，同时为居民提供游憩休闲空间。其次，自然灾害防护则是通过种植生态防护林、设置截洪沟、修筑堤坝等措施预防泛洪、山体滑坡（图 3-23）。最后，滨水岸线

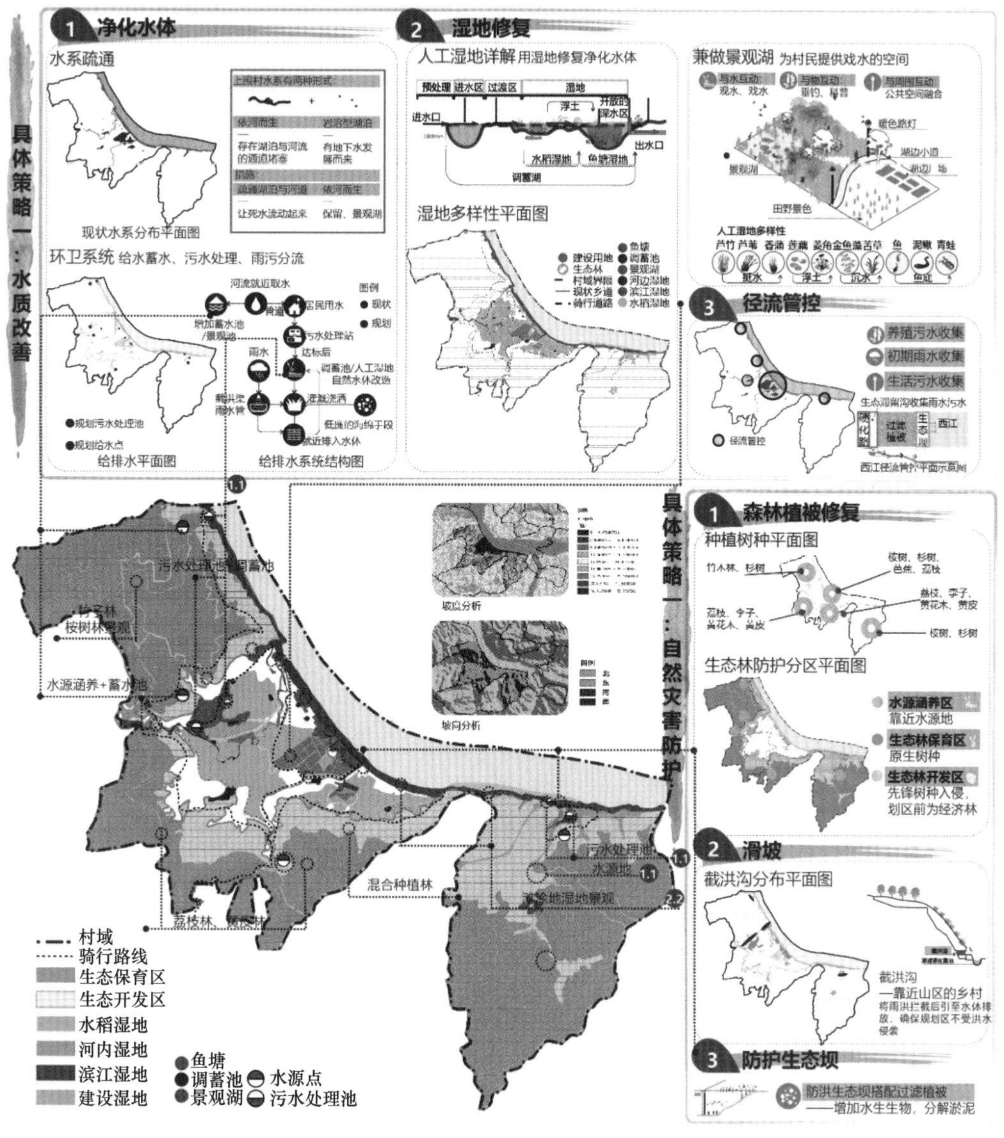


图 3-23　上围村生态空间修复设计

设计的目的是发挥生态景观的优势，打造宜人滨水景观休闲带，为本地居民与游客提供多样的滨水休闲体验。西江滨江滩涂地带是苍鹭、白鹭、池鹭等鸟类的栖息地，物种丰富，因此规划方案在保护鸟类栖息地的同时，根据地形地貌因地制宜地对各个码头进行场地设计，以提供鸟类科普、滨江骑行、滨江购物、滨江漫步以及滨江集会等多样化滨江活动体验。具体而言，上围—杨梅客运渡口设立的两个码头，承担着渡江、停车、客运、餐饮等基本功能，由于其坡度较大，因而打造亲水步道供居民与游客游玩观光；金鸡坑货运码头除了交通功能以外，还布置了亲水景观平台，为举办大型活动提供场地；芒坑货运码头功能与金鸡坑货运码头整体类似，但布置了一定的商业设施与水上婚礼场地，更突出商业服务属性（图 3-24）。

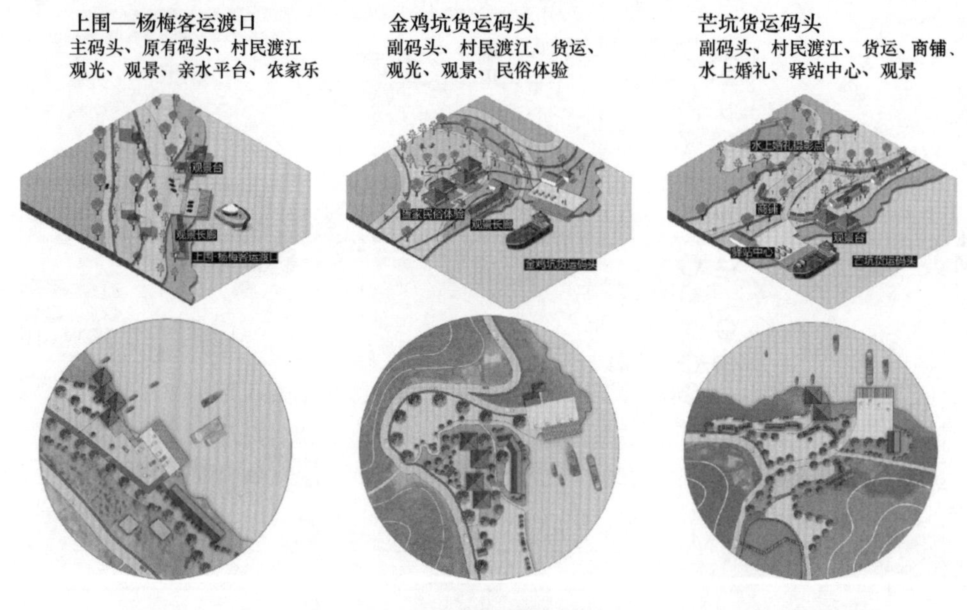


图 3–24　滨水岸线设计

第三，居住空间整治。该小组成员根据现状分析，重点对村落道路、公共空间、建筑风貌等方面存在的问题进行整造，以提升村民生活质量，为发展文化旅游提供高品质空间环境。首先，整治、修缮村落道路，规划车行系统与骑行系统，沿江设立停车位，满足货物运输、日常出行以及骑行观光的需求；其次，利用回收材料将零碎地块改造为活动空间，并对占据公共空间的空置房屋进行拆除，疏通空间脉络，利用提质改造后的公共空间组织村民开展文化活动，形式主要以展示村落特色文化和民风民俗为主，助力文化传承；最后，建筑整治方面，为保留村庄原有肌理以及减少拆除工程量，主要通过修缮立面、改善通风和增加日照等方式对村落中的老旧住宅进行改造，以满足原住民的住宅需求。此外，对于符合功能要求的部分住宅，该小组成员还策划个性定制、空间改造、功能置换、修缮保护等多种措施，将其改造成为乡村民宿、体验工坊、创意集市等特色主题建筑，满足游客的文化体验需求，增强乡村的游玩体验（图 3-25）。

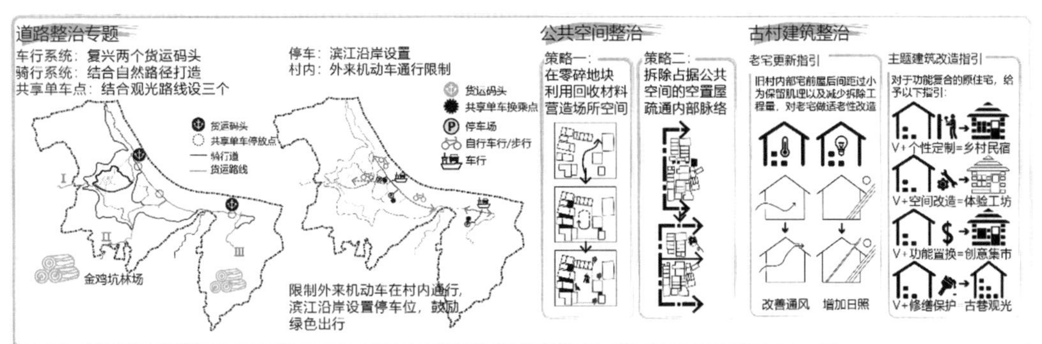


图 3–25　上围村居住空间整治

第四，重点空间设计。针对上围自然村的重点空间，该组同学主要从道路整治、功能结构分析、空间节点等方面展开规划设计。首先，对村内道路进行分级分类，主要道路拓宽升级，次要道路疏通成环，增设停车场疏通道路，在单向车道设置停车点，保障村民安全便利出行。其次，基于村落资源禀赋和未来发展构想，对上围村自然村进行功能分区，划分为生态经济区、旅游开发区、古村保育区、风貌协调区、农田种植区以及综合服务中心区共六大区域。然后，对上围自然村的公共空间进行分类，包括邻里型、自然村域型、行政村域型三种类型，结合现状以及发展需求分别采取保留、修缮或者拆建等不同措施。最后，在上述规划设计基础上，对历史文化体验以及特色景观等方面的主要节点进行重点塑造，以求将上围村打造成为一个历史文化源远流长、内部空间充满活力、自然景观优美的特色乡村（图 3-26）。

## 五、方案简评

小组成员对上围村现状进行了系统分析，挖掘该村具备的发展优势的同时也总结了该村在文化、生态、交通、生计、生活共五个维度所面临的困境和瓶颈，并据此提出了规划设计的理念与优化提升策略。总体而言，小组成员充分剖析了村落现状问题，提出了针对性的设计理念和完整的规划设计构思，逻辑紧密。在后续的空间规划中，也善于利用村庄现有的资源禀赋，针对不同的需求，差异化地发掘某类资源的价值，亦或是将不同类型的资源联动发展，将上围村的优势发挥出极大的价值，制定了较为全面、详细的产业发展和生态环境保护的规划策略，充分利用了滨江资源塑造滨水景观节点。规划设计方案的整体表现风格突出，图纸绘制技法娴熟，成果美观。本组方案的不足主要

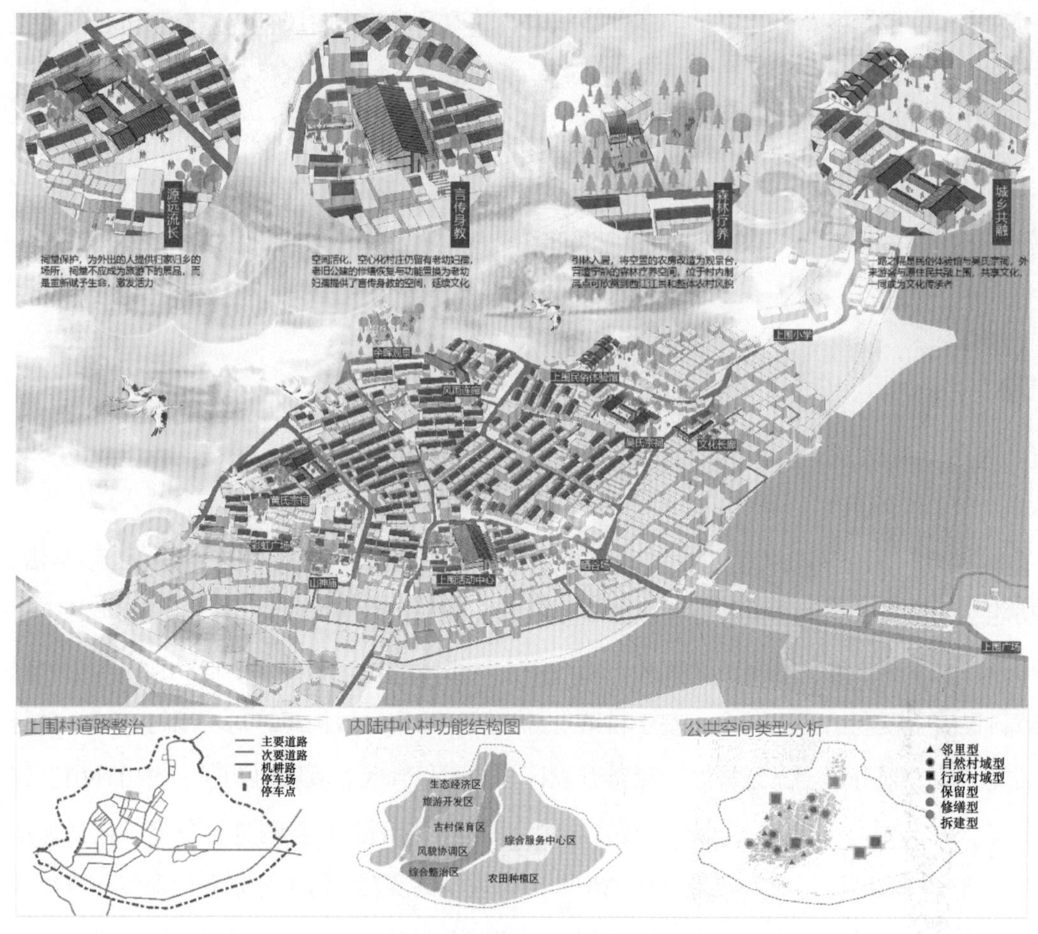


图 3-26　上围自然村居民点规划

体现在以下方面：首先，该小组成员在规划设计方案中对水资源的开发、保护与利用有一定的安排和构思，但更聚焦于水环境治理和修复，如能围绕滨江岸线，通过规划设计布置更丰富的游览路线和滨水景观可更充分地串联沿岸村落，更好地促进上围村旅游业发展；其次，规划设计方案可对村落特色文化进一步挖掘，以更好地留住乡愁、发展文旅产业，例如打造具有记忆点、场所感的文化景观节点，策划特色民俗活动等；最后，小组成员在重点空间设计上着墨较少，还应加强重点空间设计的深度。

设计小组成员：陈景技、陈佳鸿、梁峻、林璇
设计指导教师：邵亦文、杨晓春、张艳、刘倩

# 第三节　水下鱼游、边上悠遊：广东省东莞市横沥镇水边村规划设计

## 一、认知乡村

水边村位于“模具之都”广东省东莞市横沥镇北部，距离镇中心约 4 千米，是一个被城镇发展用地近乎包围的村庄，目前处于半城半乡的过渡阶段（图 3-27）。村域面积 4.12 平方千米，分为 4 个自然村，共有 861 户计 3199 人。村庄西面东引运河，南临仁和水，两河交汇于村庄西南角，拥有一定的滨河景观资源。村域北部建有大面积工厂区，西部也受到城镇扩张的影响，但中东部仍留有一部分自然绿地、农用地、水塘和传统旧村，以种植水稻、荔枝和养殖甲鱼、家鱼为第一产业的主要形式，其中甲鱼养殖是该村特色产业（图 3-28）。

图 3–27　水边村乡村实景

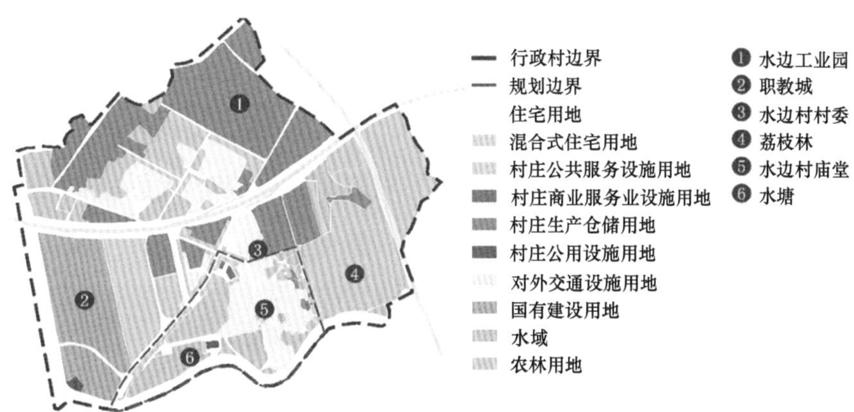


图 3–28　水边村土地利用现状

从镇域空间结构上看，水边村位于横沥城镇边缘，两轴之一的滨水景观轴上，被划为北部工业组团（图 3-29）。上位规划提出水边村发展以工业园为基础，结合滨水景观带共同打造产城融合示范区与横沥镇北部片区商业中心。在这一背景下，水边村要实现与周边城镇同步发展，重点在于充分利用现有资源，强化地区滨河特色；加快实现农地规范化经营；挖掘和培育独特的核心竞争力，探索新型城乡关系下的乡村发展模式。

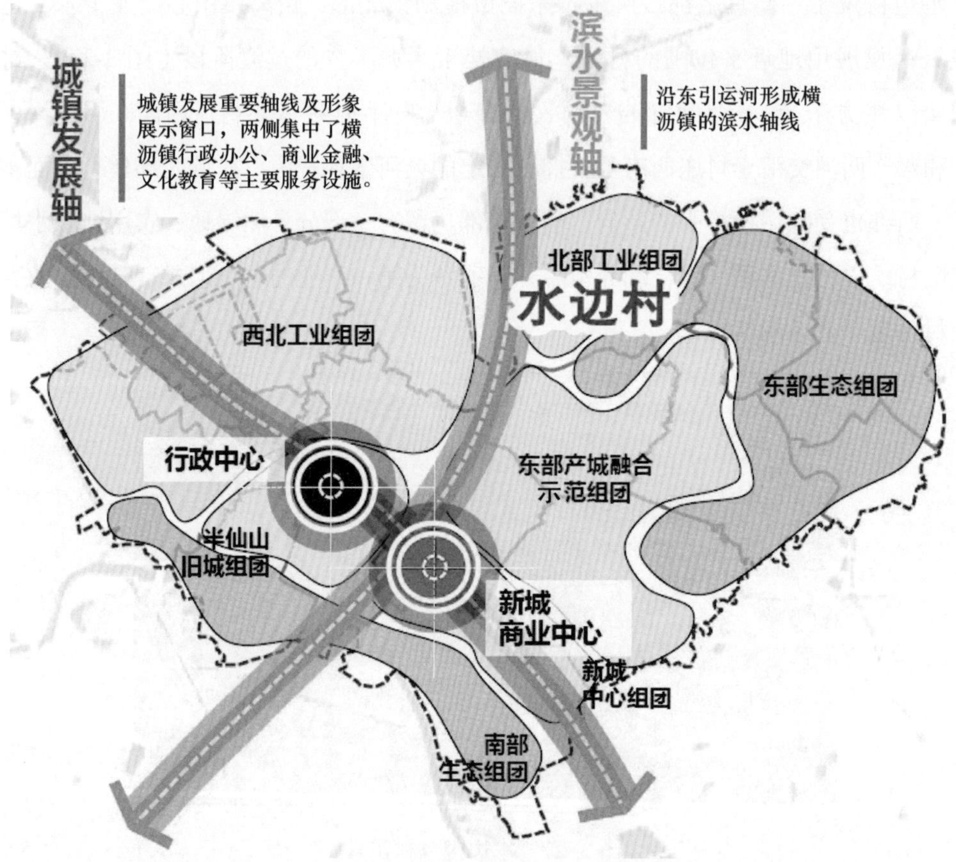


图 3-29　横沥镇总体规划中的空间结构规划和水边村的位置

水边村是一个传统文化特色村，历史底蕴深厚，村庄拥有敬老节、卖懒等传统节庆习俗活动，全村敬老成风，富有浓厚的民俗风味；其非物质文化遗产艺术貔貅舞是具有数百年历史的民间艺术。同时村庄内部还拥有不可移动文物：水边庙堂、传统建筑平巷荫棠家塾、奇特石狗雕像等传统风貌建（构）筑物（图 3-30）。但村内传统居住建筑因年久失修，面临破损、倒塌风险，绝大部分现已拆除重建为现代民居，目前水边村面临着古村风貌加速消亡的风险。

图 3-30 水边村文化遗存

综上，水边村拥有不错的第二产业基础、丰富的民俗文化和景观资源以及便利的交通条件，但在半城镇化的影响下，整体用地分布和景观格局较为破碎，古村风貌衰败，原来的特色第一产业和风土民俗载体面临较大挑战。在对水边村现状情况进行初步认知后，小组成员针对这些发展条件进行了进一步挖掘分析，为接下来的规划设计打下良好基础。

## 二、分析乡村

通过实地勘查以及资料搜寻整理，小组成员对水边村的发展现状和发展条件进行分析，总结出该村当前的发展优势、劣势、机遇和挑战，探寻现状与预期发展之间的差距，归纳该乡村发展症结和问题所在。

优势方面，与周边城镇相比，水边村内仍存在大片的农田、水塘、林地，拥有优越的自然景观资源；村庄出入口紧邻东部快速干线与莞深高速出入口，交通便利，便于联系周边地区产业，为发展提供了巨大的契机；同时水边村是历史悠久的传统村落，拥有水边貔貅舞等非物质文化遗存，文化氛围浓厚。劣势方面，水边村以水稻种植和甲鱼养殖为主要产业，产业特色不明显且农产品附加值不高，导致村内第一产业缺乏竞争力，村民经济收入低；村内大量青壮年外出务工，人口流失现象严重，引起人口结构失衡；传统建筑风貌缺乏保护管理，村庄面临古村风貌消亡的问题。

机遇方面，为鼓励村民从事农业生产，政府对家庭农场提供了政策支持，有利于促进水边村新型农业的发展；周边城镇对乡村休闲娱乐的需求量较大，乡村休闲旅游有较大的市场；同时水边村是横沥镇牛墟风情节的分会场，活动举办能吸引大量游客前往参观。挑战方面，东莞市域内含有大量发展休闲农业的乡村，同质化竞争现象严重。水边村产业发展如何摆脱同质化困境，发掘出拥有自身特色的发展道路是当前面临的最大挑战。

基于 SWOT 综合分析可以发现，水边村发展面临的根本问题是边缘城镇如何实现均衡发展。在接下来的规划设计中小组成员选取了水边行政村南部的水边自然村作为规划设计重点，以城乡关系作为突破点，提出村庄的发展定位、针对性解决策略及规划设计的核心理念。

## 三、设计立题

通过以上对水边村现状的剖析，可以看出水边村是一个半城镇化特征鲜明的村庄，因此在设计立题当中，我们引导小组成员创新性、针对性地思考村庄的发展方法，以一个更加独到的视角去剖析水边村的发展路径。通过分析探讨后，小组成员从水边村的独特区位着手，以“新型城乡关系”的视角来探索水边村的发展，提出了“水下鱼游，边上悠游”的设计口号（图 3-31）。设计目的旨在通过建立城乡平等关系，转变城市边缘乡村被动城镇化的局面，乡村为城市提供优越的自然景观及特色产业；城市为乡村产业提供技术、资金支持，促进乡村产业的发展，二者相互促进支持。基于以上规划设计思路，小组成员提出循环农业、生态旅游、人居环境改造三大策略，从而实现产业振兴、城乡协同发展的最终目标。

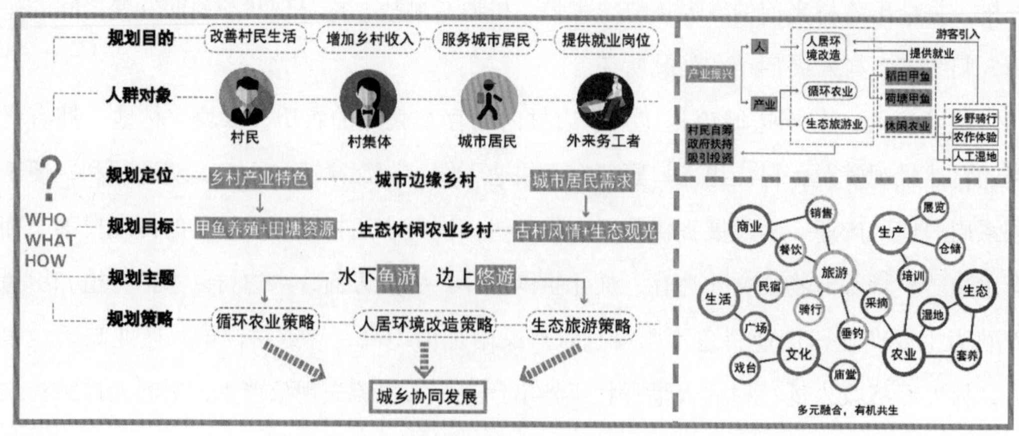


图 3-31　水边村乡村规划设计理念

具体而言，循环农业策略包括依托现有养殖技术、田塘资源、市场行情与政策支持，采用“套养”的生产方式，将特色养殖与传统种植业相结合，实现稻田甲鱼、荷塘甲鱼共生的新模式；运用家庭农场和农业生产合作社两种运营模式，在发挥村民主观能动性的同时，形成集体单位经营的品牌效应，即依靠政府的资金支持大力发展家庭农场，为外来人口提供就业岗位，并结合农业生产合作社，形成村民、家庭、村集体、农业产业合作社以及市场之间的相互促进关系，提高农业生产效益；对现状农田进行进一步改造，增加农田排水沟渠、防逃设施，让农田更适用于新型甲鱼养殖模式；利用管网、沟渠将农业甲鱼养殖产生的污水收集至污水处理系统，经过沉淀、梯级净化湿地、表流湿地等净化处理，减少对乡村环境造成的破坏，最大程度地保护乡村生态环境；同时构建一年内各类农产品的生产周期，保证农业循环高效生产，优化农产品供给（图3-32）。

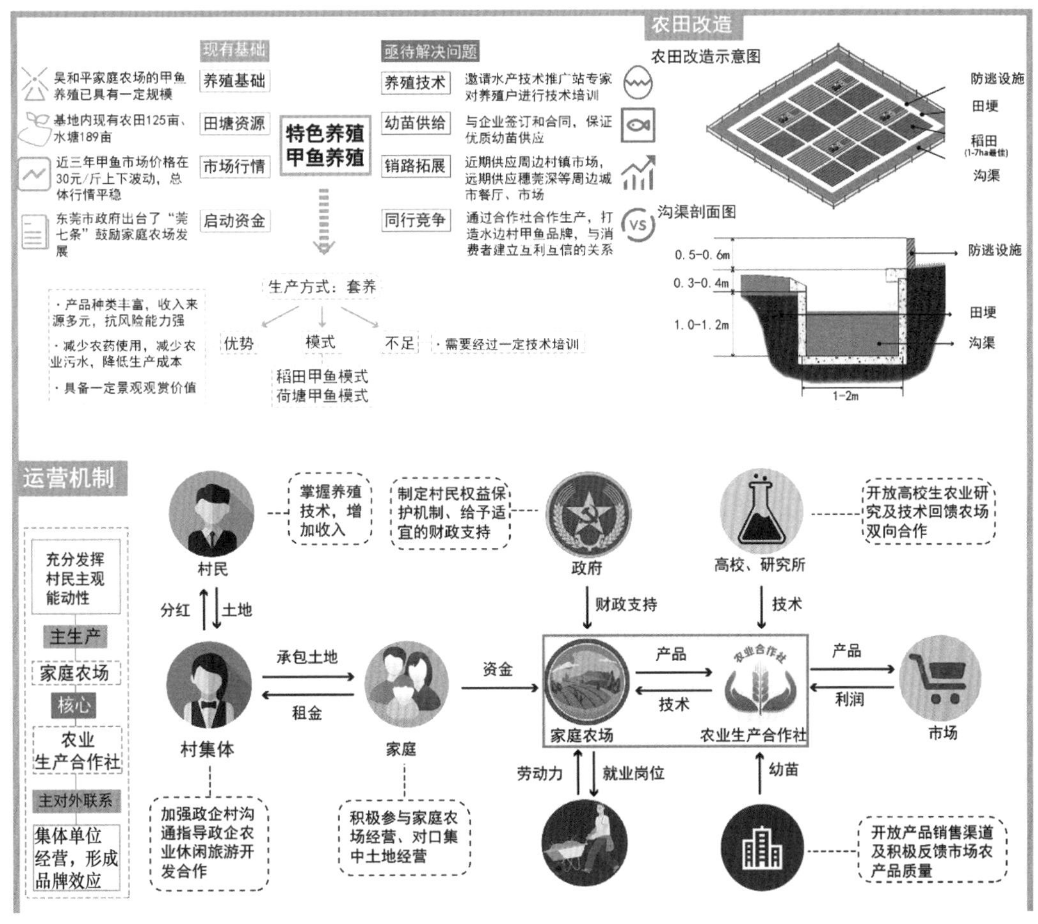

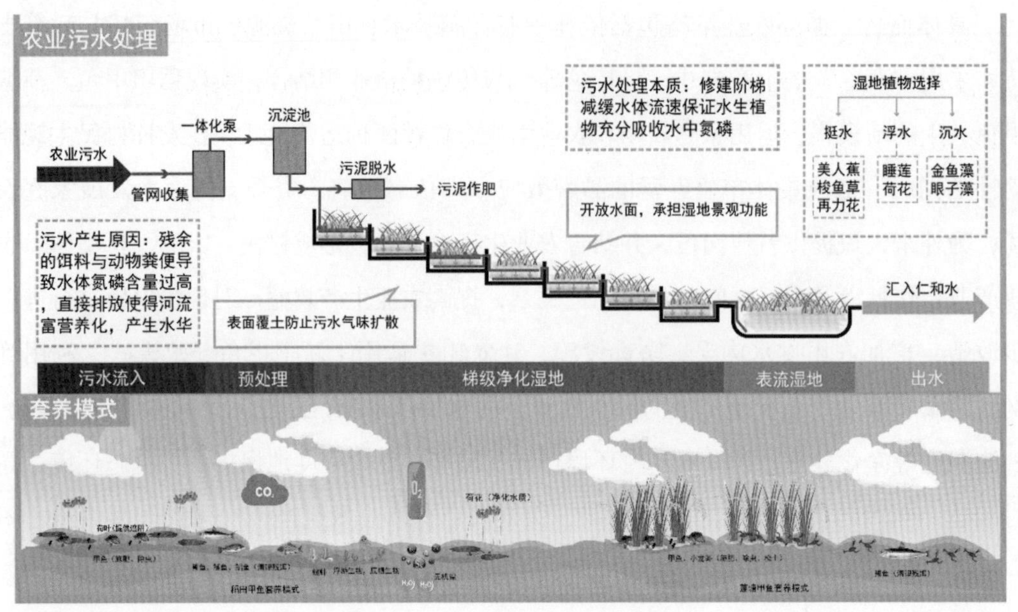


图 3–32　水边村循环农业策略

生态旅游策略包括旅游项目与活动安排、路线制定、运营机制构建。以水边村周边城市亲子家庭与年轻人为服务目标人群，制定养殖参观、采摘体验、享受自然以及民俗体验等旅游项目，打造各具特色的旅游体验项目活动空间，满足游客的不同需求；采用村委引导的自发经营与企业组织两种运营方式，满足不同利益群体的需求，合理分配村庄旅游资源；充分挖掘水边村自然资源，根据不同季节安排适宜当季的项目活动，实现水边村产业资源及旅游业的可持续发展（图 3-33）。

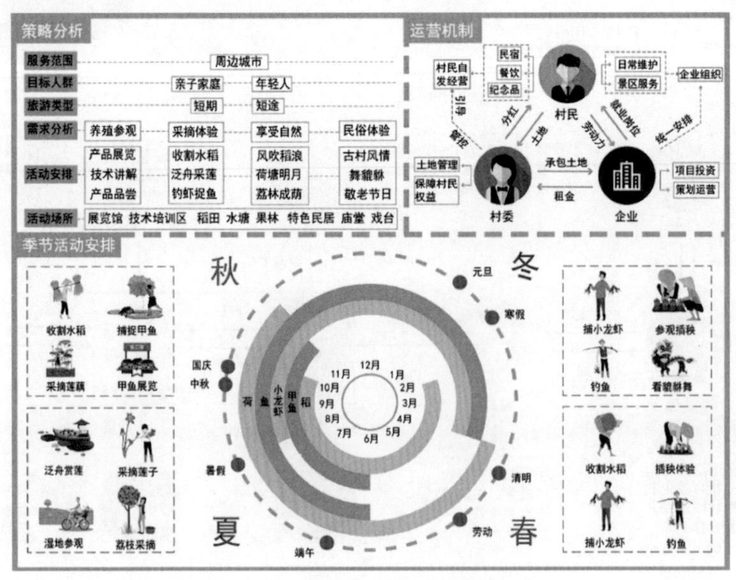


图 3–33　水边村生态旅游策略

该方案规划策略的核心是通过生态休闲农业乡村建设，带动水边村农业及旅游业发展，最终实现改善村民生活、增加乡村收入、服务城市居民、为外来务工者提供就业岗位的规划目的。在以上规划理念和具体策略的框架下，我们进一步引导小组成员思考在空间层面的设计，将策略落实到具体空间中。

## 四、空间叙事

基于上述的设计立题与规划策略，小组成员因地制宜，对水边自然村展开了整体空间规划布局，形成规划总平面图（图 3-34），具体包括整体村落空间布局、人居环境改造策略、活动项目组织三个方面。

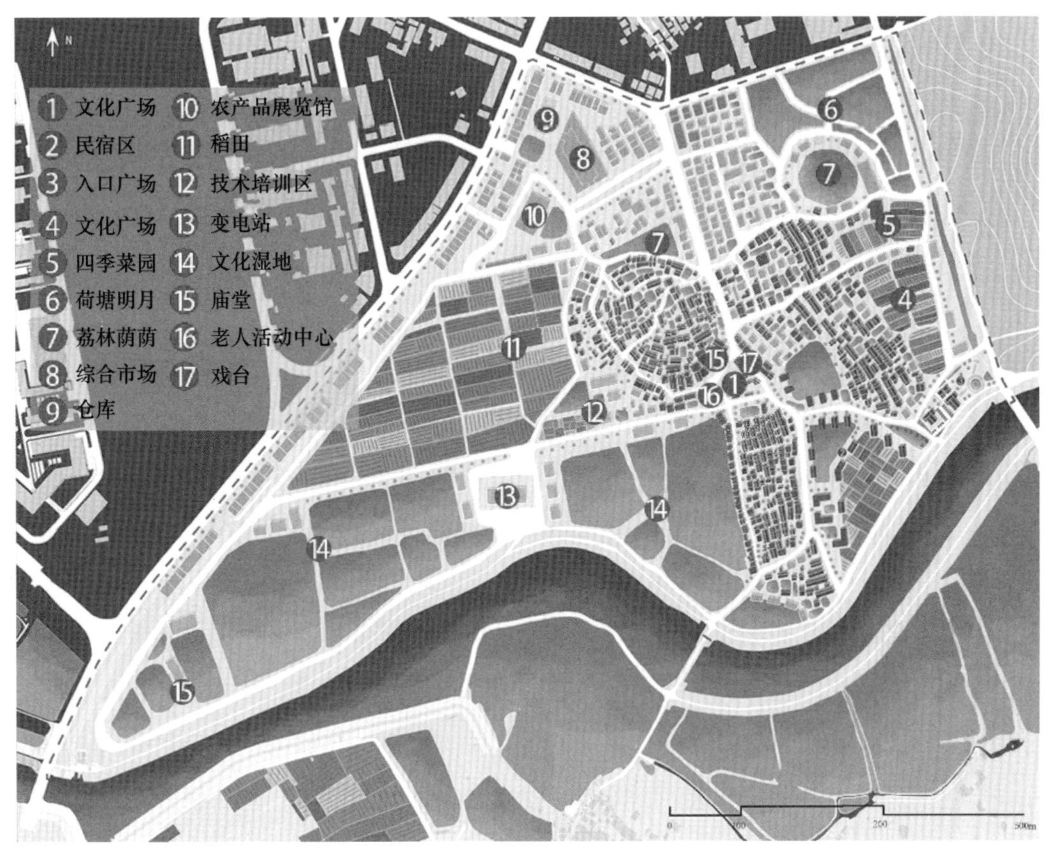


图 3–34　水边村规划设计平面

首先，在整体村落空间布局上，小组成员结合规划策略以及各类人群的活动空间需求，在空间上划分了功能分区以及空间结构。结合村庄现状资源与道路系统，规划形成三条主轴，分别是南北向文化、商业属性的两条主轴线以及贯穿鱼塘、农田的东西向景观主轴线。由于北部与工业园区相连，在北面布置综合市场、产品展览馆、仓储区作为新旧衔接空间，同时也是村庄产品外销的重要通道。东南角是游客进入村落的主入口，增设入口广场作为村庄地标，满足游客集散需求。结合农业生产、旅游体验策略，规划在场地中植入民宿区、休闲农业区、人工湿地等旅游观光服务空间。依托村落整体空间布局，小组成员将规划场地分为新村区、旧村区、观光区、展销区、教学区、住宿区、生产区和生态区等功能区（图 3-35）。

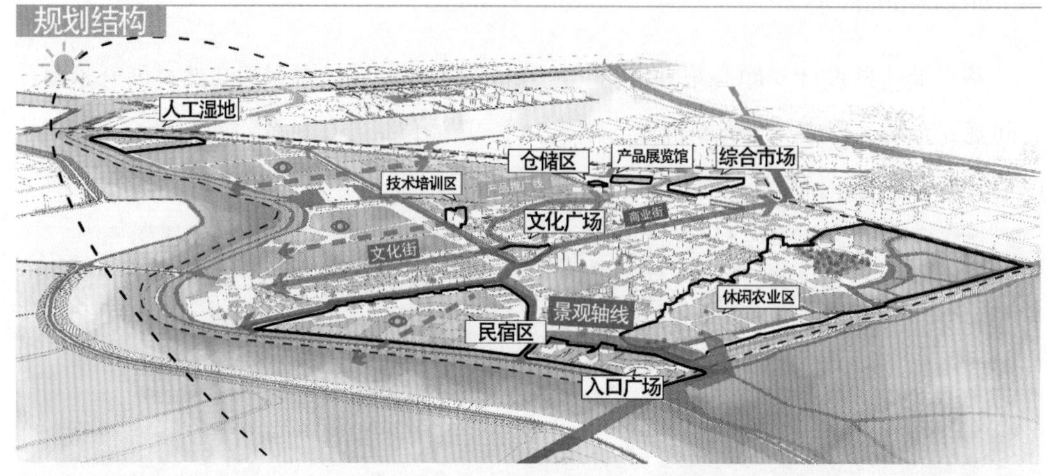


图 3–35　水边村规划设计空间结构

其次，以改善人居环境为出发点，提出建筑修缮、沿街立面改造以及对居民点、文化广场及其他节点空间进行规划设计的策略（图 3-36）。建筑修缮方面，以保护村庄的传统建筑肌理和风貌为前提，改善村庄建筑质量，提出拆除影响村貌的临时搭建建筑、增设建筑、植入新功能空间、置换新旧建筑、沿街商住混合等五种改造手法，并根据实际建筑特征，提出针对性改造方案。沿街立面方面，通过梳理村庄主要路径，对商业街、文化街立面进行提升改造，采用传统元素与商业功能相结合的设计方式，增加村庄传统特色，提高商业活力，营造主街空间连续性。节点设计方面，主要分为居民点、文化广场以及其他公共空间，其中文化广场是村内主要活动空间，设计小组首先对原有场地进行整理，拆除部分建筑，营造开敞空间，然后植入戏台、服务处、老人活动中心等多样化服务功能空间，形成以文化宣传为核心的多功能综合性广场；在建筑闲置空间中植入绿地和休憩服务设施，优化民居环境，同时也提供了交往活动空间。

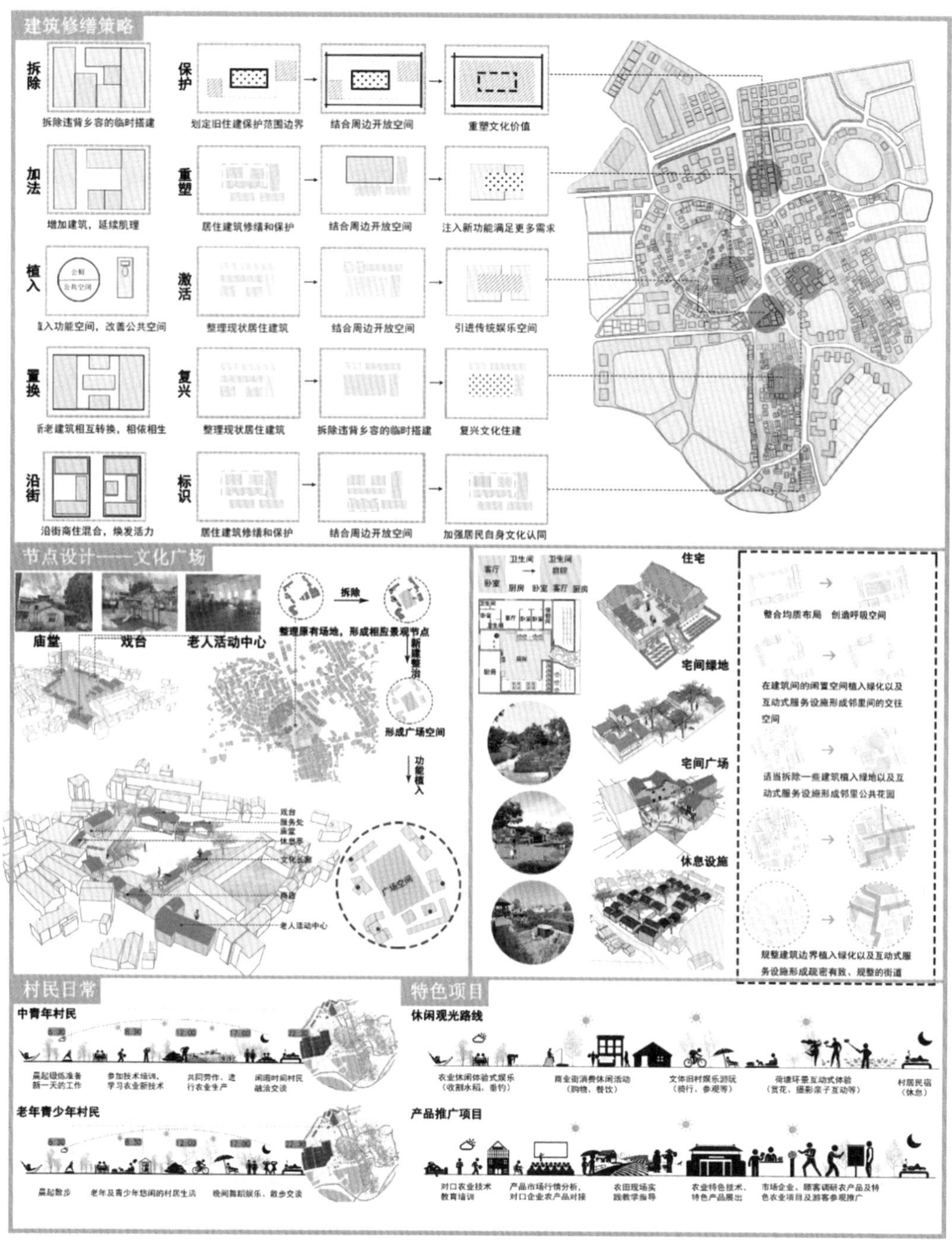


图 3-36　水边村人居环境提升策略

## 五、方案简评

本方案在总结水边村现状发展存在的优劣势以及机遇、挑战的基础上，探索新型城乡关系视角下的产业发展策略，提出村庄规划发展方向。小组成员在方案设计中能够敏锐地发现水边村与城镇化发展之间的矛盾，提出城乡协同发展的设计目标，探索了村庄发展策略；精准提出村庄产业发展面临的问题，以循环农业和生态旅游为抓手，打造颇具产业特色的生态休闲村落，打破同质化发展困境；在空间叙事中，以提升人居环境为出发点，把握村民、游客、市场的实际需求，营造良好的生活氛围环境与商业环境，促进村落振兴，体现了该设计小组具有一定的空间设计能力。但当前的设计方案仍然存在很大的提升空间：第一，从前期分析和方案整体来看，小组成员对村庄生态资源利用不够充分，对文化资源挖掘深度远远不足，水边村位于两河交汇处，上位规划提出强化地区的滨河特色，但在规划设计中缺乏滨河景观空间打造；第二，方案提出特色旅游发展模式，但在村庄规划中缺乏对旅游服务设施、游客活动场所等公共服务系统的规划思索；第三，从图纸的整体呈现效果来看略显不足，该组成员还需进一步加强图面效果表达能力。

设计小组成员：黄伟超、黄鸿杰、李宁、熊倩滢

设计指导教师：邵亦文、刘倩、张艳、李云

# 第四章　文化旅游导向型乡村规划设计

## 第一节　乡途回眸、茶果串魂：广东省肇庆市高要区小湘镇上围村规划设计

### 一、认知乡村

上围村是广东省肇庆市高要区小湘镇下辖的社区，位于小湘镇西南部，村域面积 8 平方千米，共有 523 户 2520 人，分为 5 个自然村，下辖 11 个村民小组（图 4-1）。该村地形以山地为主，三山环绕，东北侧临西江，中部地势平坦，周边拥有烂柯山自然保护区、羚羊峡森林公园、龙公祖庙等景点景区，拥有优美的自然风光和丰富的旅游资源。上围村拥有耕地面积 1600 亩，是保存较好的传统原生态村落（图 4-2）。

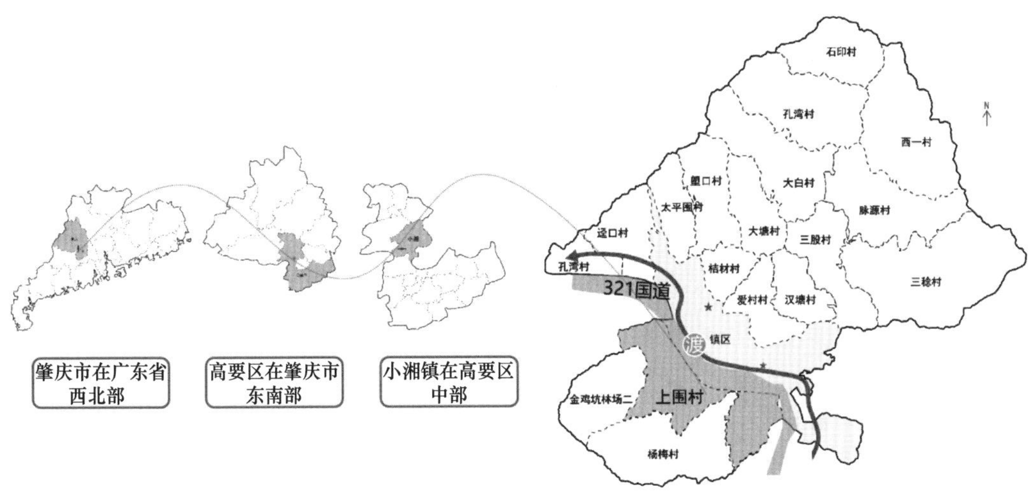


图 4–1　上围村区位

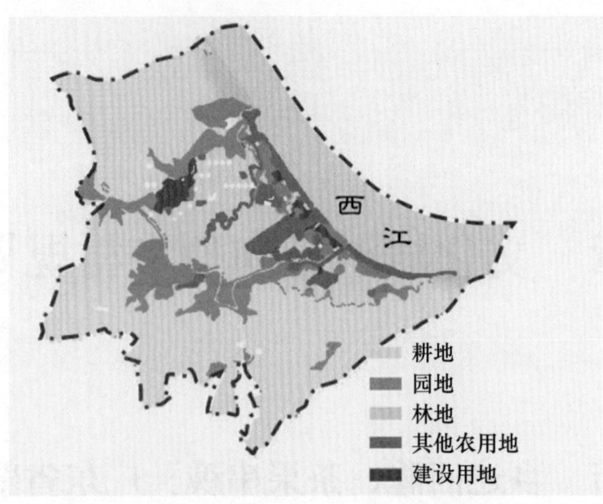


图 4–2　上围村土地利用现状

上围村历史悠久，文化底蕴深厚，是典型的广客交融型传统村落，兼具两种文化基因。村庄的民俗节庆多元丰富，有着农耕文明的基本节庆，如春耕节、开丁酒等，但上围村最有特色的当属本地的千年茶果文化，茶果节在当地颇具人气。在手工艺方面最有特色的是高要金渡花席，虽其源起并不在上围村，但金渡花席在上围是重要特色工艺，已经成为人们生产生活的重要组成部分。

从镇域视角来看，作为西江南岸唯二的村落，上围村在镇村体系中起中心村的联动作用，对于构建小湘镇镇村体系极为关键，拥有一定的区域性价值。基于上围村的区域格局与社会特点，小组成员认为上围村的未来在于村庄本身的价值挖掘。至于发展定位，则需基于在地性实现特色化发展，将乡土价值与经济社会发展相结合，将村庄文化特色引入乡村规划中。

从以上分析来看，上围村具有的优势特征包括原生态自然风光、特色农业基础、民俗节庆文化和乡村旅游资源等。在对村庄进行初步调研认知的基础上，小组成员对村庄内的生态格局、产业经济、生活环境、人口结构等方面进行了更深层次的探究与分析，得出村庄的发展机制与空间特点，为乡村规划设计提供依据。

## 二、分析乡村

根据调研获得的资料，并对其进行分析整理后，小组成员得出了上围村乡村规划发展的初步结论：上围村区位条件并不优越，政策层面也缺乏有力支持，发展工业、走城镇化道路是行不通的。相反，保护生态基底，发掘乡土价值，对内凝聚乡土情结，对外输出特色化品牌，才有机会突出重围、觅得发展良机。通过对上围村发展现状的剖析，小组成员总结出了该村目前面临的机遇与挑战，其中主要包括区域格局、文化历史、人口经济、土地利用和道路系统四个方面（图 4-3）。

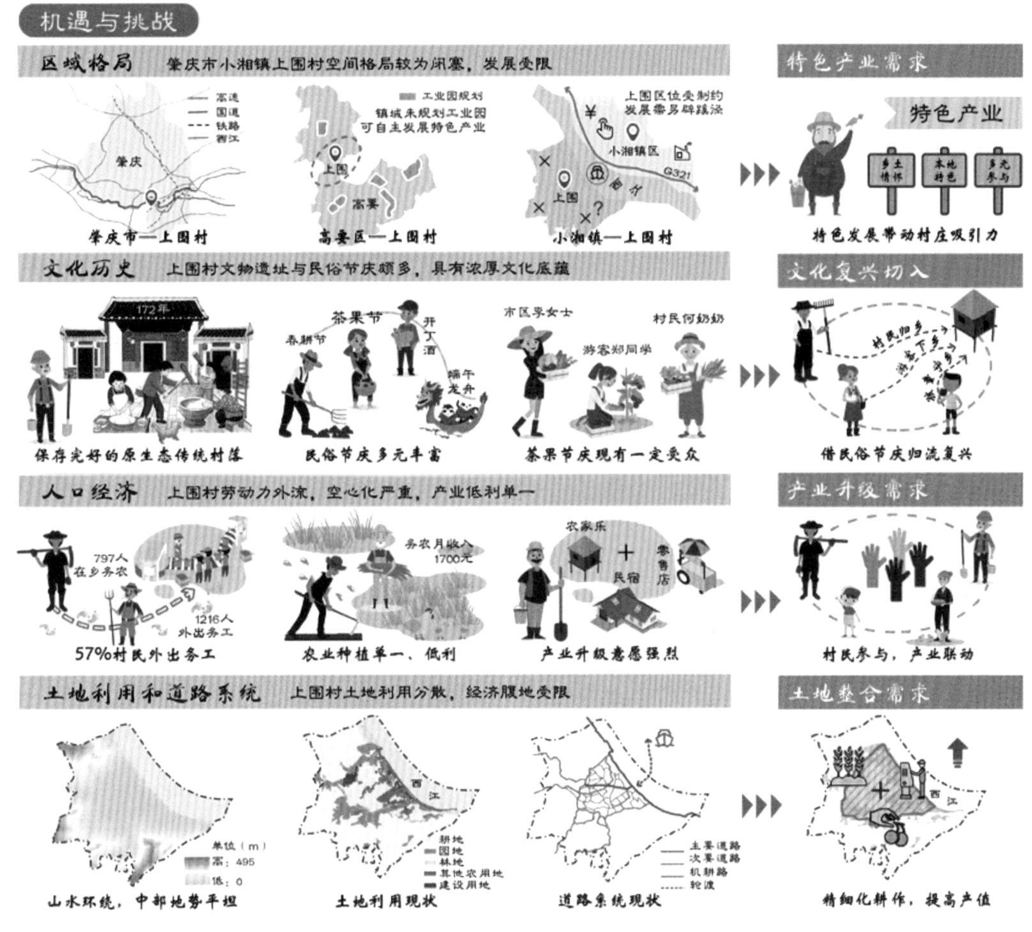


图 4–3 上围村村庄的发展机遇和挑战

具体而言，在区域格局层面，上围村邻西江，生态景观效益优越，村庄周边交通运输类型多样，有高速、国道、铁路穿越；从镇域角度分析，上围村三面环山，一面临江，空间格局较为闭塞，船运是村民出行的唯一方式，村庄发展受到交通制约。在文化历史层面，上围村作为保存完好的原生态传统村落，其文物遗址与民俗节庆多样，浓厚的文化底蕴是村庄未来发展的新机遇，茶果节庆受众广，为村庄聚集一定人流，为旅游开发奠定基础。在人口经济层面，上围村劳动力外流现象严峻，产业结构单一，村民收入低，并且村民对村庄产业升级改造意愿强烈，有向农家乐、民宿、零售等第三产业转型的想法。在土地利用与交通系统层面，上围村山水环绕，中部地势平坦；土地类型以耕地、林地为主，建设用地分布较为分散；村内交通网络系统较为完善，但对外交通联系受限。基于此，小组成员对乡村面临的问题提出针对性策略，包括特色产业植入、文化复兴、产业升级、土地整合等，抓住村庄发展机遇，直面挑战，转危为机，并根据所提出的策略提炼出上围村的发展定位以及乡村规划设计方案的核心理念。

## 三、设计立题

通过以上分析，小组成员对上围村的现状已经有了全面深入的了解，可以看出上围村的民俗文化特色突出，茶果节对村庄文旅发展具有良好的带动作用。经过反复讨论，小组成员最终设想以民俗节庆引领上围村未来发展，并提出了“乡途回眸，茶果串魂”的口号。该设计旨在通过复兴茶果节庆，借助茶果文化民俗吸引、产业特色以及村民特殊的情感纽带，激活文旅产业融合再生，实现经济发展、村民归乡的诉求与愿景。

整体立意与村庄定位确定后，在课程教学中，指导教师要求小组成员从问题导向出发，思考如何利用茶果文化的复兴，突破村庄现状发展的困境。因此小组成员重新梳理乡村发展问题后，从景、耕、居三大问题着手，在尊重场地现有文化基础上，在村庄内植入茶果文化元素。以旧房改造、新旧互动、村落活化、乡途回眸、民俗激活的方式推动上围村文旅产业发展（图 4-4）。在策略实施构造部分，小组成员根据村庄发展问题，将上围村空间结构划分为家乡、故乡和原乡三部分，并由此提出“三乡”策略，即家乡・生态宜居、故乡・品牌产业、原乡・文脉传承，以实现育山水、营田生、栖村居的规划目标。

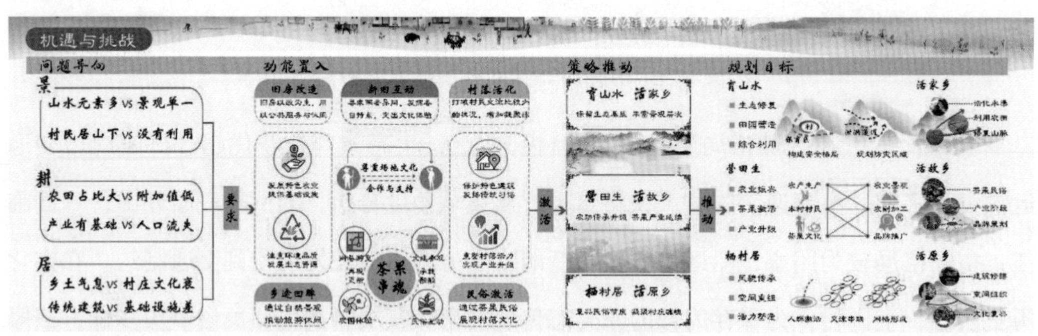


图 4-4 上围村乡村规划设计理念

首先，家乡・生态宜居策略，策略实施主要目的是修复村庄生态环境，规划防灾区域，构建安全格局，提高人居生活质量。具体措施包括丰富农田耕地模式，分为高低间种式、观光农田式、鱼菜共生式三种类型；丰富西江岸线景观，增加植被的种类，形成层次丰富的植被景观带；对河漫滩进行整治，根据河岸特点设置不同形式的亲水平台，在生态治理的同时满足不同人群的观景需求；丰富乡村步道的多样性，包括农田步道、滨水步道、森林步道等；设置生态循环厕所，提升乡村卫生环境等。其次，故乡·品牌产业策略，策略实施目的是实现村庄农业振兴，激活产业升级。主要措施包括延长生产链、实现多链产业发展；引入新技术，规模化生产；打造茶果品牌，利用品牌效应吸引游客的同时增加外销输出，从而提高居民收入。最后，原乡·文脉传承策略，策略实施旨在传承民俗文化，提升人居环境质量。策略重点在于居民点层面，通过建立邻里空间模式，采用建筑外墙错位、宅间路旁空地改善的方式，增加可活动公共空间；提取上围村建筑、节庆、民俗文化元素，打造原乡情结，从而凝聚村庄精神、传承民俗文脉，提升村民幸福感（图 4-5）。

图 4–5　上围村三乡规划策略

同时，小组成员还进一步提出“茶果记”文化 IP 的打造，并制定产品制作、品牌策划、产业升级、外销输出等一系列详实有趣的 IP 设计思路。在品牌策划中提出了“茶果 + 主题文化节”的形式，针对不同人群需求安排特定的文化活动体验流线。在产业升级方面，提出对农产品进行加工，从而提高利润；举行农作体验活动，如体验式采茶、农产品手工作坊体验等，促进乡村旅游的发展；对加工产品进行外销、设置植物工厂，游客可在此进行农产品种植体验，还可为学校提供技术培训场地。在外销输出方面，则是通过茶果 IP 品牌文化周边设计，如手袋、T 恤等，将茶果品牌文化输出至邻区、邻镇甚至邻省，吸引外地资源，为村庄注入活力（图 4-6）。

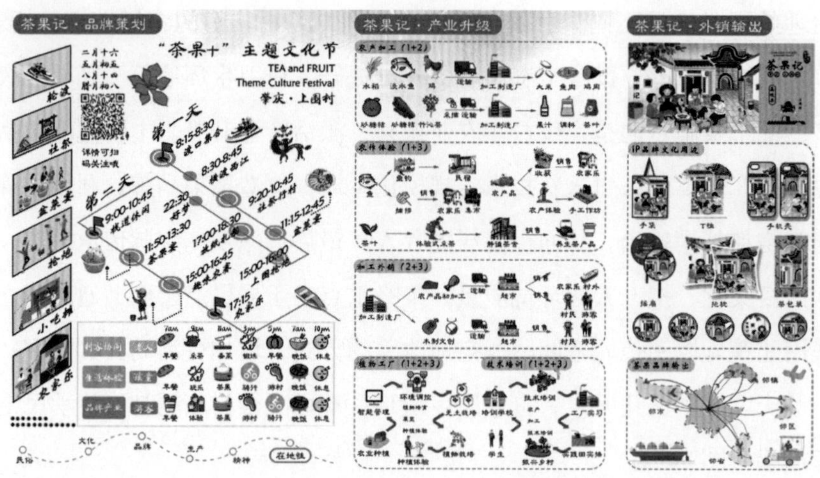


图 4–6　上围村茶果记品牌 IP 打造

基于上述规划理念及策略，在教学过程中，指导教师要求小组成员还应进一步思考空间规划布局，将理念和策略具体落实在某一空间中，将生活场景与茶果体验融入乡村整体，并形成系统的、完整的空间结构。小组成员根据上围村的现状特点，对不同空间进行了相应的功能植入，形成了多样化的空间以及较为系统的活动路线（图 4-7）。

图 4–7　上围村空间设计策略

## 四、空间叙事

小组成员从“三乡”的理念角度出发，对水源村整体规划结构进行分析，小组成员根据土地利用现状、农业种植类型及规划发展方向，将村庄划分为7个功能区，以观光农业核心节点，形成向四周蔓延的规划结构；结合村落现状景观资源，划分不同景观风貌区，利用道路系统串联不同尺度的景观节点，形成一心三核四轴的景观结构体系。同时还规划安排了文化体验路线、茶果生产路线、观光休闲路线，设置多样化的活动项目，以满足更多游客及村民所需（图4-8）。

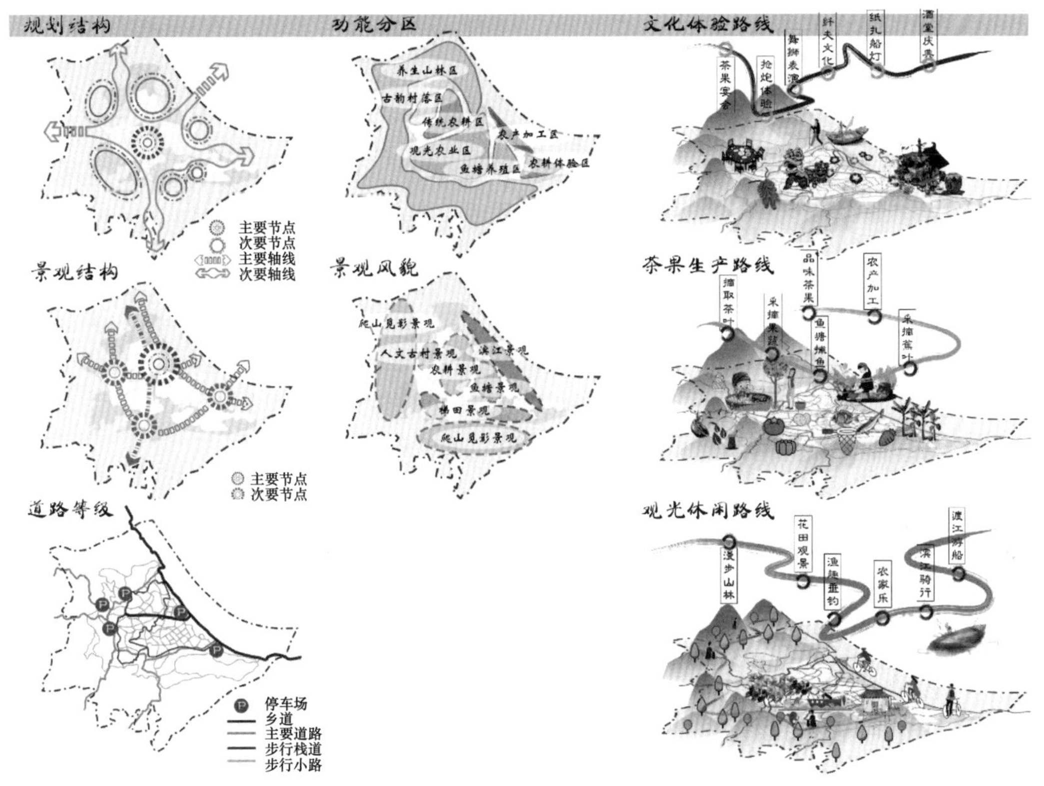


图4–8 上围村空间结构分析和游览路线规划

依托村庄整体规划结构布局，结合原乡文化传承的设计策略，小组成员选取村庄乡土人情味最浓郁的古韵村落区，对其进行整体规划布局，形成规划设计的总平面图（图4-9），并提出建筑空间整治和空间故事节点两方面营造策略。

其一，建筑空间整治。主要是对人居格局和民俗文化的复育再生，通过探讨空间情结的脉络，保留传承上围村的传统元素与风貌，激活流失在历史长河的上围生活，通过在上围村内梳理公共空间、提升人居环境、复兴民俗节庆的方式，形成各具特色的

图 4–9 上围自然村居民点规划设计平面

"围村"生活组团。首先提取规划场所的传统建筑文化元素，包括形式元素、空间元素、景观元素，以指导新建建筑，保留村庄传统文化风貌；其次优化邻里空间环境，形成村内生态化田园化格局，以组团式布局融合邻里空间与居民生活；最后将本地特色元素与邻里空间结合，维系村落整体风貌的一致性，指导后续村落建筑的新建、改建（图 4-10）。

图 4-10　上围村建筑空间整治策略

其二，空间故事节点。将年久失修的民居改造为民俗体验馆，以纸扎文艺为主题展示村内文化，促进居民与游客的融合，体验地道民俗；村内风貌保存较好的建筑群用于展示古村纹理和风貌，形成传统村落博览区；人民公社办公旧址和大锅饭旧址改造为人民公社博物馆，兼具参观、集会和茶果宴等功能；将废弃老屋与思源古井分别改造为民宿和农趣节点。同时在村庄不同场所空间中，植入民俗文化展示与节庆体验活动，形成文化记忆点，居民和游客在不同节点产生多样化的空间活动，不仅为居民点空间注入了活力，也促进了上围村传统文化传承（图 4-11）。

## 五、方案简评

本方案通过对上围村的系统性分析，总结出该村发展面临的机遇与挑战，积极探

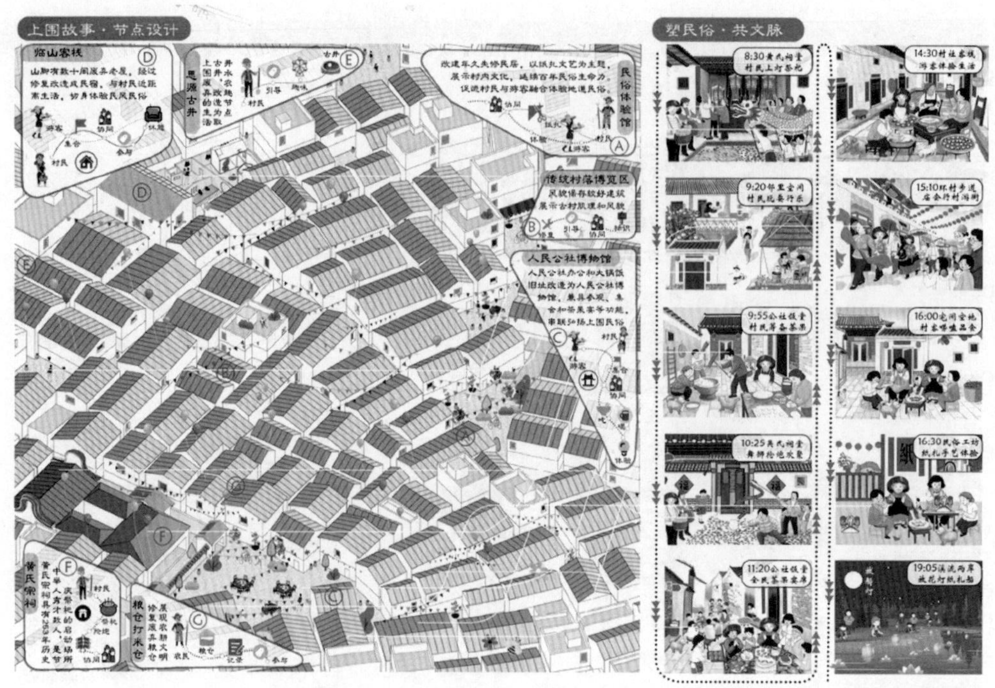


图 4–11　上围村空间故事节点营造策略

索和发扬当地的茶果文化在现代经济社会语境下的价值，并借用“三乡”理念为主线串联了整个设计。方案的突出优点主要体现在以下方面：第一，准确抓住上围村的重要文化特色，并将该主题贯穿整个规划设计过程，构建了清晰明确的设计策略；第二，小组成员在茶果品牌 IP 打造上进行翔实有趣的设计，并以插画形式进行表达，图纸效果新颖出彩，可以看出小组成员在策划和表现上具有一定的功底。同时本方案也存在一些不足：首先，从整体来看，虽然小组成员提出的“茶果串魂”主题鲜明，但对上围村潜在问题分析部分着墨较少，乡村发展症结及问题所在归纳总结较为简单，无法验证茶果主题策略支撑村庄未来发展的可行性；其次，方案调研了茶果品牌打造和文旅活动项目统筹的可行性，但对村庄交通发展制约、基础设施缺乏等其他问题未作出相应回应；最后，方案若能进一步加强居民点内各类功能在空间上的落位合理性，以及细部空间的设计精细度，将会更加出彩。

设计小组成员：林新彭、黄琦淇、孙焕飞

设计指导教师：邵亦文、杨晓春、张艳、刘倩

# 第二节 湖光潋滟、古村有喜：福建省福州市永泰县嵩口镇大喜村规划设计

## 一、认知乡村

大喜村位于福建省福州市区西南约 100 千米，属于永泰县嵩口镇管辖。村域面积 21 平方千米，下辖 4 个自然村，约 600 余人。该村自然生态资源丰富，山水环境优美，周边旅游开发基础较好（图 4-12）。地处福州最高峰东湖尖腹地，环抱一级水源保护地大喜水库。该村的森林覆盖率高达 90%，是一个名副其实的林业大村。因其优越的自然景观和保存完好的乡土建筑，加之能够依托临近的中国历史文化名镇嵩口古镇和 4A 级旅游景区百漈沟生态风景区协同发展，大喜村成功入选了省级金牌旅游村。

图 4–12 大喜村实景

大喜村的本土传统民居保存较为完整，传统民居数量占总建筑数量的 90% 以上。本土传统民居主要采用当地石材和木材建造，民居修建延续“开门见喜”的特色文化，在庭院景墙、建筑室内、公共建筑等都附有“喜”字装饰，大喜村宴厅、大喜戏台作为当地举办村宴、喜宴等民俗活动的场所，富有浓厚的民俗风味。村子里种植大面积的李树和青梅树，春来繁花锦簇，秋来梅李飘香。并且，当地村民善于以果酿酒，各类果酒远近闻名，形成颇具特色的果酒文化。

学生通过研读大喜村的上位规划资料，对其景观风貌、文化积淀、空间肌理等资源禀赋进行了详细摸排。在此基础上，选取了大喜水库西南侧的自然村（面积约 29 公顷）作为规划设计对象。该规划设计场地中民居建筑集中，山水景观完整（图 4-13），

是大喜村文化旅游开发的重点区域。通过调研大喜村的旅游开发现状，指导教师要求学生对该村的旅游产业发展前景进行预判，并对大喜村的公共活动空间、建筑外立面、主要景观节点进行详细的规划设计。

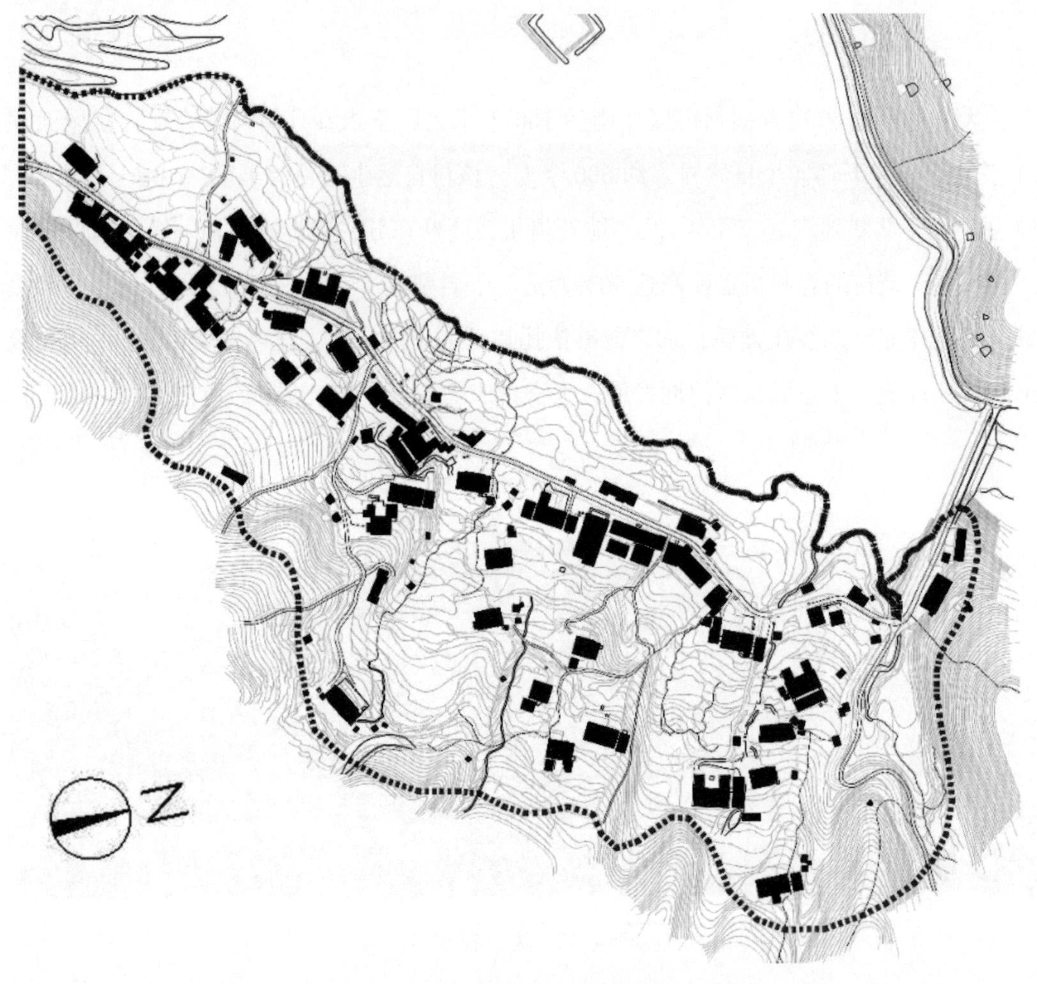


图 4-13　规划设计红线范围

## 二、分析乡村

为了让学生做出贴近乡村实际的分析报告，我们带领学生来到大喜村进行沉浸式的现场作业，要求学生的分析报告就在大喜村的田间地头完成。本次调研得到了当地村干部的大力协助，村长以接待会的形式为学生们提供面对面的情况讲解，并对未来乡村旅游开发进行意见交换。从分析报告中，我们发现学生基本能够准确把握大喜村旅游开发的资源依托。我们引导学生对大喜村内部的山水林木田等自然要素的空间分布进行了实地丈量（图 4-14），对传统特色民居立面进行了无人机低空扫描，对当地的民俗文化进行了梳理和提炼。然而，从整体上看，学生对大喜村潜在问题的分析差强人意，这主要是因为大部分学生对大喜村未来旅游开发前景的预判还没有形成清晰的思路。有了清晰的旅游发展定位，才能够找出现状与预期之间的差距，进而才能够有目的性地归纳出乡村发展的症结和问题所在。基于优势和劣势的综合分析，才能够提出针对性的解决策略及规划设计的核心理念。

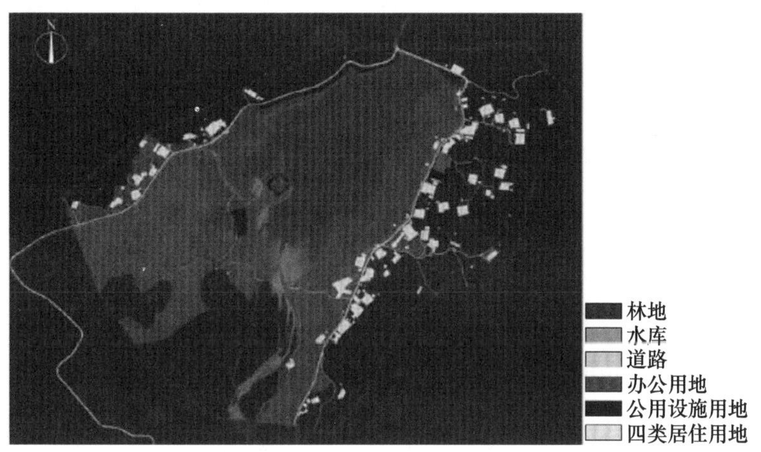


图 4-14　大喜村现状用地类型

通过分析，学生把影响大喜村未来旅游开发的潜在问题归纳为以下五个方面。第一，村落内部公共活动空间严重匮乏且仅有的公共空间分布零碎、空间的联系性和贯通性不足。这不仅导致村民室外活动场所受限，影响邻里之间的沟通交流，而且不利于游人驻留和游玩。第二，村落内部部分传统建筑存在年久失修的问题，部分建筑外立面破损、坍塌，急需修复。此外，少部分村民由于缺少资金和审美意识，新建民居采用廉价的现代建材，建筑风貌与本土传统民居格格不入，影响了村落建筑群整体的古朴气质。第三，前期的自然资源开发缺少统筹规划，现有景观节点分散，没有经过系统的景观序列规划设计，各个景点间未能形成良好的流动空间，观赏线路的连续性及景观体验性不佳，导致对游客吸引力不足，不利于旅游产业的可持续发展。第四，健全的基础设施是乡村旅游可持续发展的基础，但村落内部的各类公共服务设施严重不足，既无法满足村民的日常生活所需，也不能满足旅游接待的要求。目前，虽然有络绎不绝的游客被湖光山色吸引前来观赏游览，但是由于吃、住、行、游、购、娱等配套设施不足，大喜村基本上没有正向旅游经营收入。第五，大喜村以“喜文化”为代表的民俗文化具有很强的文化延展性，但前期的开发对文化资源的挖掘深度远远不足。

## 三、设计立题

通过以上分析，可以看出大喜村乡土风貌特色突出，是将来旅游开发的基础。因此，在本次课程教学中，我们引导学生对场地内的景观资源进行梳理，充分挖掘村落乡土文化资源。最终，学生提出“基于乡土文化基因提取的乡村风貌提升”的设计理念，喊出了“湖光潋滟、古村有喜”的口号。这个设计立题旨在提取乡土特色元素作为景观构成要素，并顺应乡村原有空间肌理，打造点、线、面相结合的景观空间序列，在连续的空间构思中渲染大喜村的“喜文化”特性，将一幅围绕大喜水库展开的乡村美好画卷按照有序的空间组合逻辑描绘、刻画出来。

整体立意定位之后，学生开始琢磨用怎样的空间处理手法来诠释这个立题。经过师生反复讨论，我们决定采用空间分形的手法，即根据场地的自相似性，对不同景观要素进行分类，将联系紧密的要素融合在一起，使各个乡土空间能够形成异质同构的效果，同时与周边的环境相得益彰（图 4-15）。

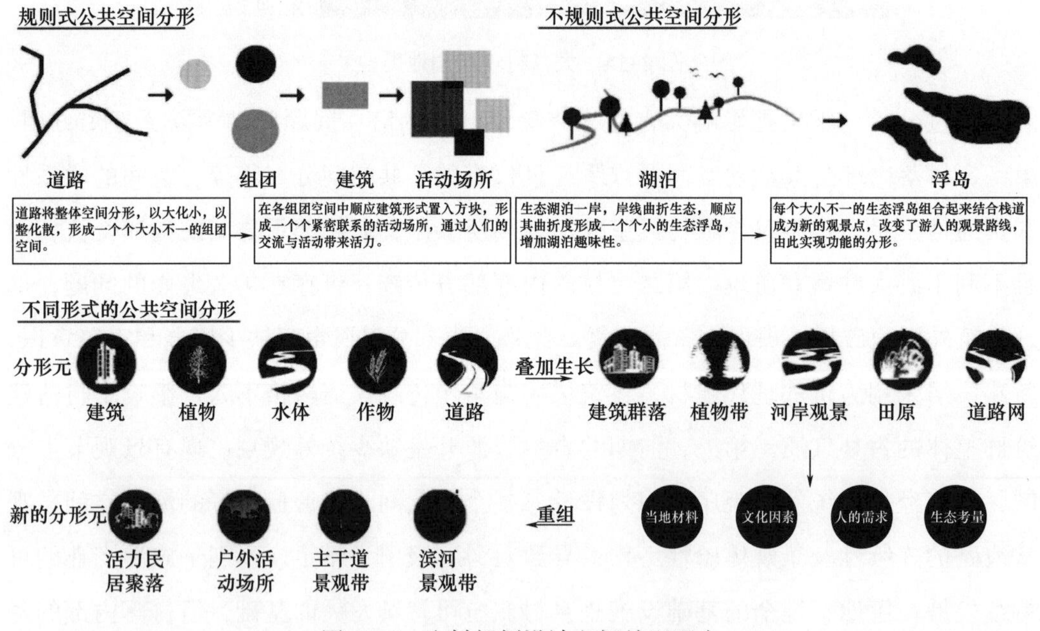


图 4-15　乡村规划设计空间处理理念

首先，对现状叶脉状的道路空间进行整体分形，以道路为边界分割出大小不一的民居组团，并在各民居组团中顺应建筑形式小规模加建或者拆除，并植入新的空间功能，最终形成一个个相互联系的空间场所。各个组团空间相似但也不同，每个民居组团都有自己的空间趣味。此外，在对各个民居组团空间布局进行微重组的同时，于空间细节处融入喜文化特色。

其次，对于滨河湖岸这类自然流线型的公共空间分形，必须顺应自然岸线延展的生态规律，将其按照曲折度分形成一个个小的生态浮岛，从而构建出有趣的景观节点，增加湖泊的趣味性；并采用栈道将各个浮岛串联形成新的分形元，改变游人的观景路线，提供集休闲、娱乐、体验活动于一体的新景观环境。

最后，统筹布局自然与人工景观元素，通过划分、叠加、重组，将民居组团、植物、水体、农作物等分形元紧密联系在一起，组合成新的复合型景观组团；并且在具体空间设计中融入当地建筑材料、文化要素、人的需求以及生态方面的考量，重组形成新活力民居聚落、户外活动场所、主干道景观带、滨河景观带等新的分形元。在新的分形元空间规划设计时，结合未来各类人群的活动策划，充分考虑乡土生活场景的打造，让村民的生活场景和游客的旅游体验活动也融入乡村整体画卷之中，从而实现从“设计空间”到“营造场所”的升华（图 4-16）。

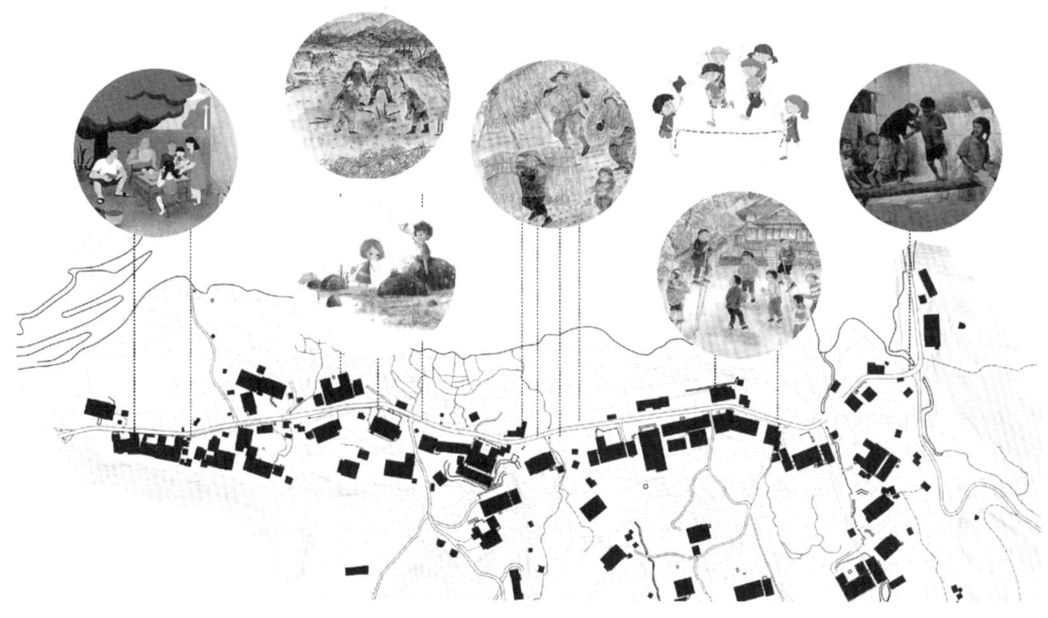

图 4–16 乡土活动场景打造

## 四、空间叙事

基于上述的设计立题，学生对大喜水库南侧自然村进行了整体规划布局，形成规划设计总平面图（图 4-17）。以下从村落空间整体布局、乡村主路沿线景观序列设计、湖岸沿线景观序列设计、民居组团设计四个方面解析该方案成果。

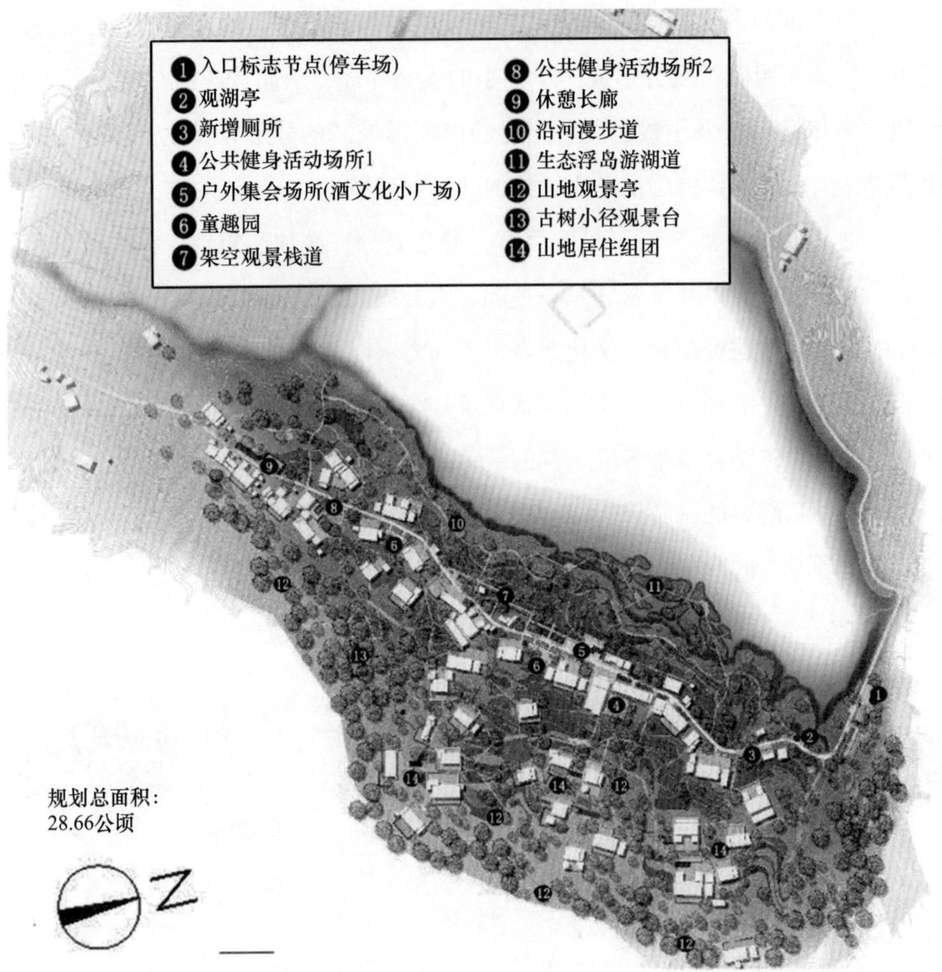


图 4-17　大喜村规划设计平面

第一，村落空间整体布局。该方案结合村落现状景观资源，利用道路系统串联不同尺度的景观节点，形成三条景观轴线，分别是依托主路的景观主轴、依托大喜水库的湖岸景观次轴、依托山体民居组团的景观次轴。由于民居建筑组团主要分布于主路靠近山体的一侧，滨水景观主要分布于主路靠近水库的一侧，因此中部的主路景观主轴的空间设计成为难点所在。如果处理不好，就会形成水景和山景割裂的败笔。因此，空间布局的关键点在于营造主路景观主轴的界面空间渗透感和流动性。除了在水平方向加强山水空间的渗透，方案还提出通过竖向设计，打通山水景观廊道，使得竖向景观轴线与水平景观轴线互相穿插，从而丰富该场地的景观层次（图 4-18）。

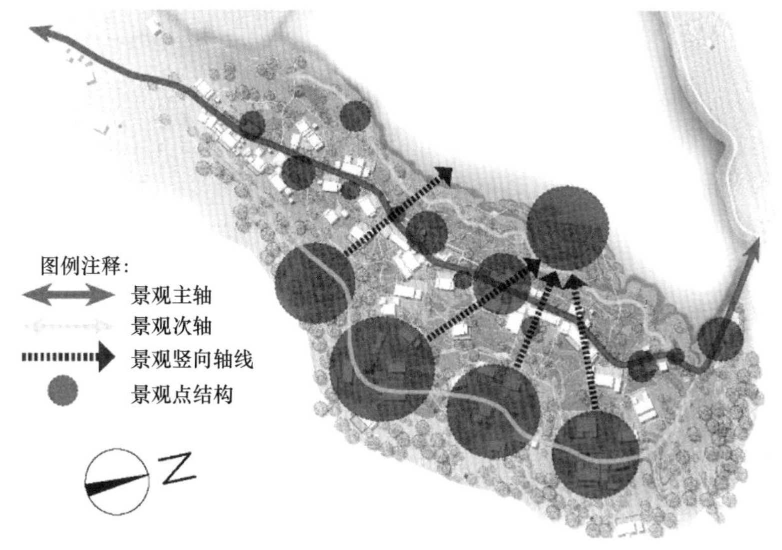


图 4–18　整体空间布局分析

依托村落整体空间布局，方案将规划场地分为湖岸沿线景观带、李花采摘观赏区、乡村主路沿线景观带、民居组团聚居区、山林区等五个功能分区（图 4-19）。其中李花采摘观赏区属于居民集体所有财产，其李子酒、李子干等农业副产品是该村农业经济不可分割的一部分。因此规划在保留原李树林的基础上，融入农业观光、采摘体验等旅游项目，既促进乡村旅游发展，也保证了居民农业经济收入。

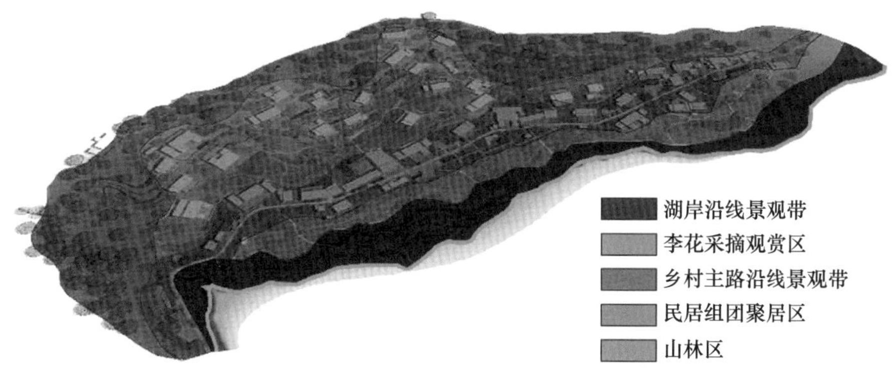


图 4–19　功能分区规划

同时规划将乡村交通系统分为一级道路和二级道路。一级道路从东西向贯穿整个村庄，是乡村与外界联系的主要干道。二级道路曲折蜿蜒，承载山地景观与湖岸景观交通连接，满足民居组团之间及其内部人员流动的需求（图 4-20）。

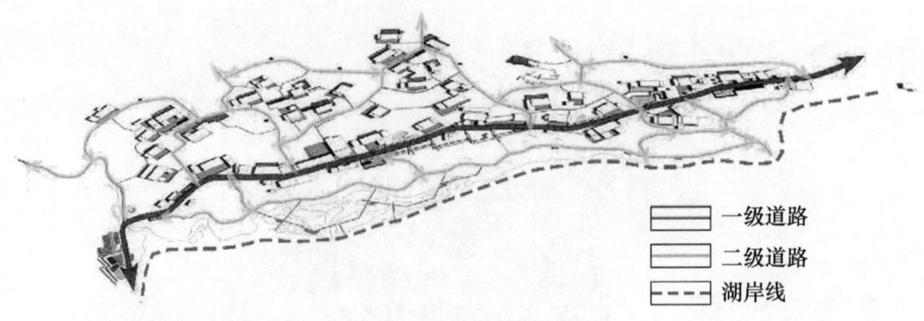


图 4-20　交通系统规划

第二，乡村主路沿线景观序列设计。村民宅基地和农用地集中分布在主路两侧，然而主路沿线的公共空间资源非常有限。通过土地权属梳理和空间整理，方案在主路景观轴上共计设置了六个主要景观节点，分别是入口节点、公厕节点、酒文化广场、架空观景栈道、户外健身区、特色文化长廊。村落入口节点是提醒游客进入村庄的地标，其设置在入口处盘山公路旁，也是大喜水库闸门所在地，在这里可以欣赏到湖水跌落形成的瀑布美景，是步入村庄的第一道风景。入口节点还容纳了休憩、停车和观景的复合化功能，既满足了游客使用需求，也展示了村庄热情友好的迎客态度。第二个节点充分利用了公厕周边的空间资源，利用景观墙隔开公厕与公众活动空间，并在活动空间上设置休憩设施。酒文化小广场采取台阶跌落式的空间处理手法，面向湖景开敞，保证良好的观湖视觉效果，并通过酒坛雕塑小品、酿酒工具展示、品酒驿站的设计将村庄果酒文化充分展示，同时为村民提供户外集会的场所。架空观景栈道与酒文化小广场相连，成为主干道景观带轴线的景观高潮。架空廊架的设计方式，满足了农地保护和观景的要求，也与低处的生态浮岛栈道在竖向形成呼应。特色文化长廊作为主干道轴线的景观结尾，游客可以在此休憩的同时，回望走过的乡间道路，感受场地的乡土风情（图 4-21）。

第三，湖岸沿线景观序列设计。大喜水库沿线滨水空间的设计质量直接关系到本案“湖光潋滟”设计立题的表达深度。水库平添了村落的灵动气韵，是吸引游客的主要景观资源。该方案通过岸线分形，根据不同的曲度将其划分成大小不一的生态浮岛，并利用栈道与地面湖岸相连。此外，方案还考虑到不同季节水位变化带来的沿岸景观风貌变化，模拟了最高水位、常水位和最低水位状态下的空间场景；并通过区分丰水期和枯水期，规划设计出不同的滨水栈道景观和生态浮岛景观，丰富了湖岸线游览的景观层次。此外，方案沿湖设置两个尺度相对较大的休憩小平台，为游客提供了驻足观赏的场地（图 4-22）。

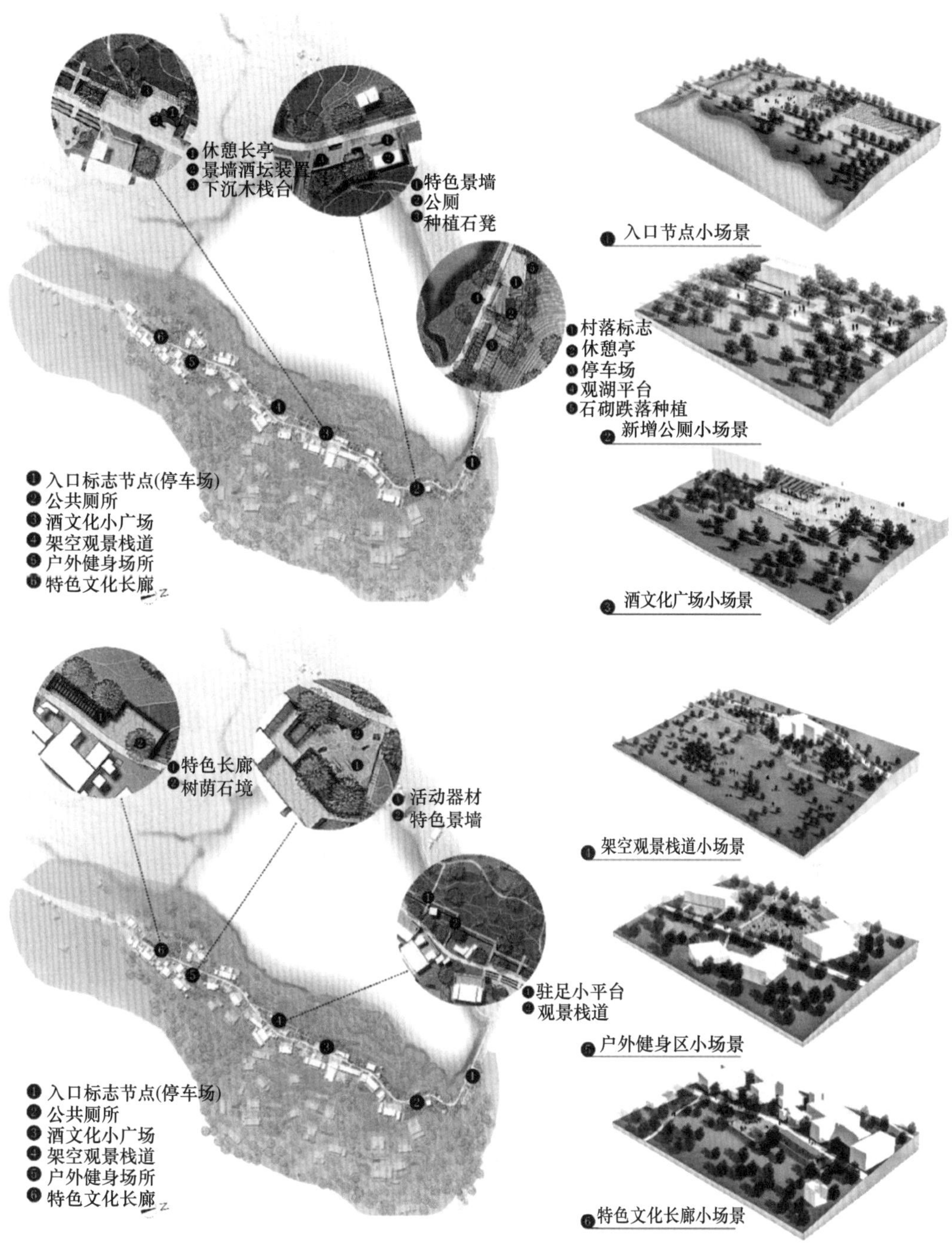


图 4–21　主干道景观带设计

因为大喜村为水库水源保护地，库区水质要求高，但村庄内部生活污水尚未达到排放标准，基地水源污染严重。大喜村目前排水系统仍采用直排式，厨房污水未经处理直接排出，顺山势流入主路边的明渠。化粪池污水虽然排入管道，但管道系统老旧导致淤堵现象频现，严重影响乡村卫生和生态环境。规划将化粪池污水、厨房污水、公共旅游厕所污水等都接入规划污水总管，排至新建的一体化污水处理设备，集中处理后再排出（图 4-23）。

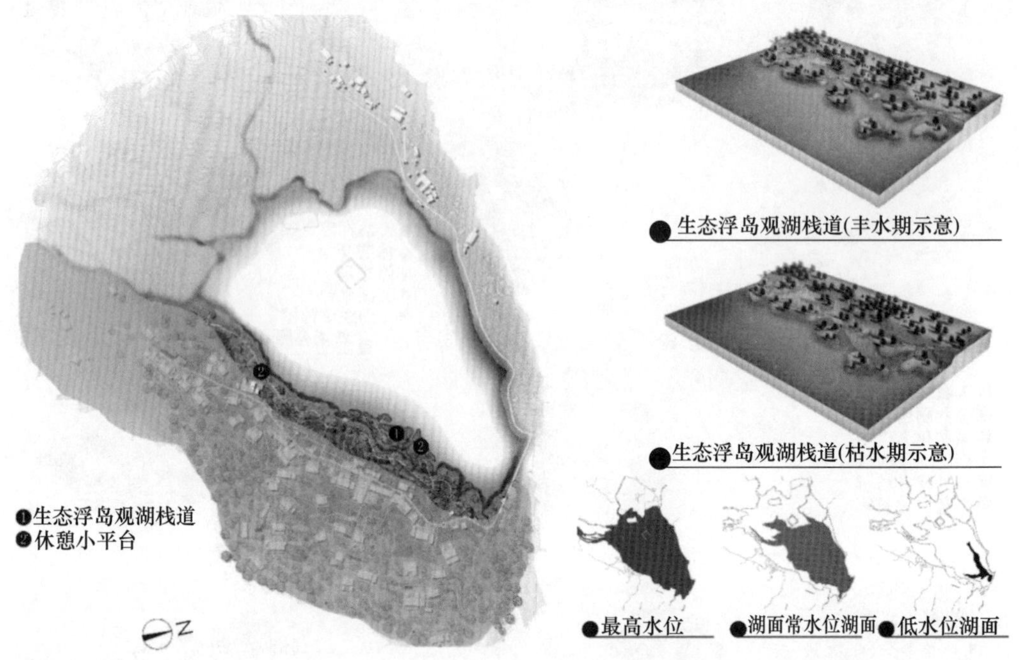


图 4-22　湖岸景观带设计

图 4-23　污水处理策略

第四，民居组团设计。大喜村规划范围内的民居建筑依山就势地分布在主路靠山一侧，现状建筑质量也良莠不齐。为满足居民使用需求和各类旅游服务功能提升的需求，该方案采用拆迁、功能置换、适当加建、院落空间营造四种方式对民居建筑群进行升级改造。首先，对于破损较为严重且长期无人居住的建筑，直接进行拆除。其中，部分尚有人居住的建筑物，则是通过协商迁移的方式，保障村民正常生活。其次，通过功能置换的方式，结合村民的参与意愿，将民居建筑和村集体公共建筑改造成旅游服务型建筑，如游客服务中心、民宿、餐厅、茶室、零售商店等（图 4-24）。在建筑改造过程中，方案一方面注重了整体传统建筑风格的延续，另一方面也适当使用现代材料，与本土材料搭配融合。以废弃工坊改造为精品民宿的设计为例，原建筑属于乡村居民集体所有，因此将其作为村庄民宿改造的第一批建筑。建筑改造秉承修旧如旧的设计理念。首先，对外立面破损表皮及二楼木构扶手修复、加固，同时采用当地特色堆石技术进行装饰。其次，对建筑庭院进行提升改造，增建景墙作为民宿入口标识，为庭院打造半围合式的活动空间。在提升建筑居住质量的同时，最大限度地保留了当地传统民居特色。

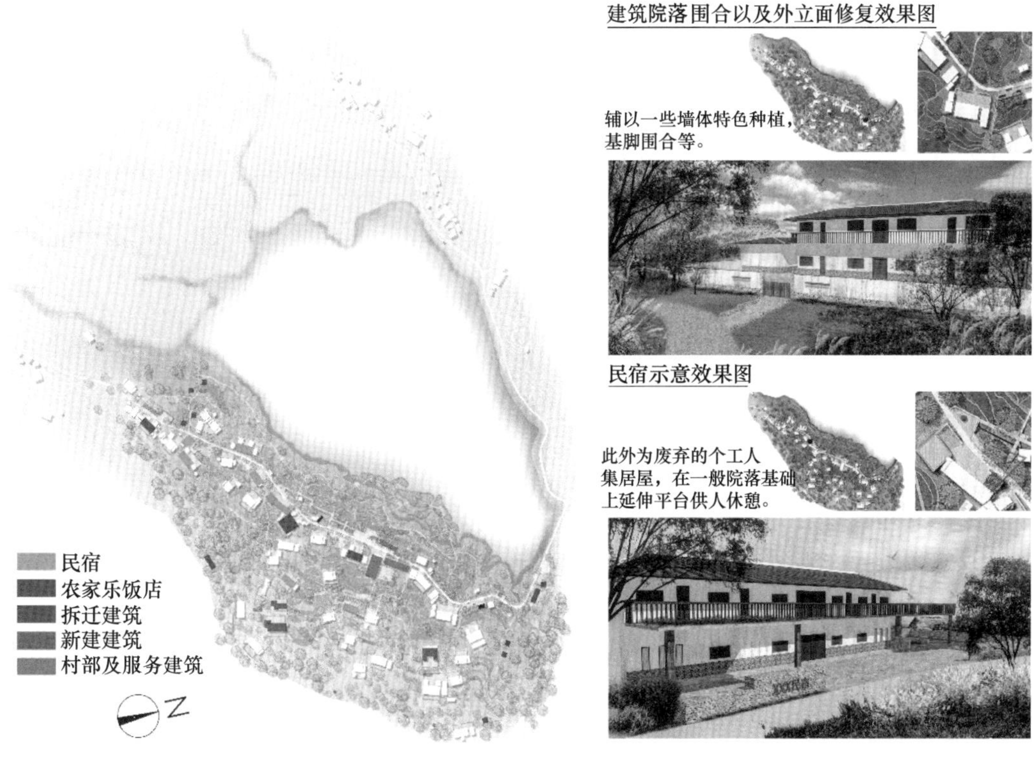


图 4-24　建筑改造规划

此外，学生通过观察发现现有民居建筑群空间聚合成不显著的三个组团（图

4-25）。为了强化组团内建筑群的空间联系，该方案结合地形增加连廊、风雨桥、台地休憩平台等连接性建筑或场地来营造民居院落空间，丰富建筑群体之间的空间层次。院落空间的组合手法采用半围合式，既有院落的空间向心力，也能够与外部空间流动渗透。与此同时，方案还试图促进民居建筑组团与周边山体环境的融合。在三个民居建筑组团的西侧林地上，生长着高大的古榕树群，具有极高的观赏价值。方案顺应等高线走势，在建筑群与榕树林之间串联起之字形的古树小径，沿小径设置古朴的景观墙，在山顶榕树群之间设计开阔的观景平台，创造出曲径通幽、豁然开朗的观景体验（图 4-26）。

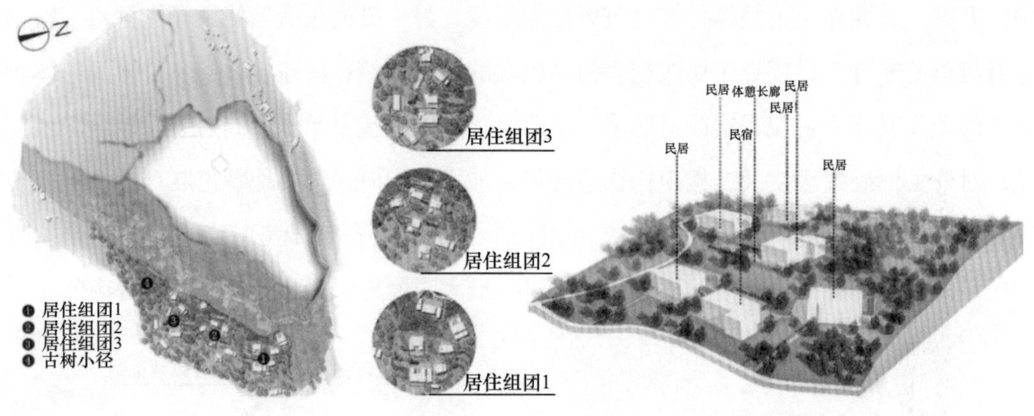


图 4–25　山地景观设计



图 4–26　古树小径景观设计

## 五、方案简评

本方案是学生以个人为单位在有限的时间内独立完成的，其对大喜村的认知和分析比较翔实，规划设计构思也比较合理，制图表达效果良好。突出优点主要体现在以下方面：第一，能够准确把握大喜村的资源优势，并能够敏锐发现村落旅游开发过程中存在的问题和不足；第二，设计立题比较合理，能够以湖景为自然景观营造的抓手，以“喜文化”为乡土文化营造的抓手，试图基于乡土文化基因来打造兼具自然美和文化美的乡村文旅目的地；第三，在村落空间构建上，方案的整体空间结构规划比较科学，根据不同的景观形态采用了“轴线＋节点”的布局手法，也关注到竖向空间廊道的穿插渗透价值。本方案仍然存在一些值得改善的地方：首先，方案虽然考虑到旅游业的可持续发展，并通过功能置换等方式安置了部分旅游服务设施，但是缺乏对旅游线路的整体规划，缺乏游客活动场地设计，也没有进行系统的公共服务设施规划等考虑；其次，本方案虽强调喜文化的设计立题，但规划设计部分缺乏对喜文化的深度提取，也没有对应的文化展示和体验场地规划，文化传播仅停留在口号层面，难以形成文化记忆点；再次，乡村主路沿线景观序列设计手法较粗糙，没有考虑山水之间的空间流动和过渡，仅通过安置分散的节点空间来进行机械化处理；最后，湖岸沿线滨水景观的设计手法过于单一，只是采用了栈道、生态浮岛的设计元素，细部景观设计还有待进一步完善补充。

设计者：鲁曼林

设计指导教师：孙瑶

# 第五章　康养体验导向型乡村规划设计

## 第一节　候鸟入老屋、海山共此处：海南省乐东县尖峰镇岭头村规划设计

### 一、认知乡村

岭头村位于海南省乐东县尖峰镇西部沿海平原地带，地处“大三亚”旅游经济圈的最西侧。村域面积约 8.38 平方千米，分为 9 个村民小组，共计 867 户 3474 人。村庄西临北部湾，东毗前文所述的红湖村，背靠尖峰岭国家森林公园，生态景观条件优良。该村地势东北高、西南低，除北部马鞍岭矿山海拔较高外，其他地区多为低洼平原。村庄建设用地集中于西南侧，贯穿全村的铁路线将村庄东西两侧划分为新、旧两村，旧村内房屋多为崖州民居。岭头村农用地总面积共 551 公顷，其中耕地集中分布在居民点东侧，林地、园林分布于村东北部，农田开发质量较好，主要种植火龙果、哈密瓜、橡胶树、花梨木等经济作物（图 5-1）。

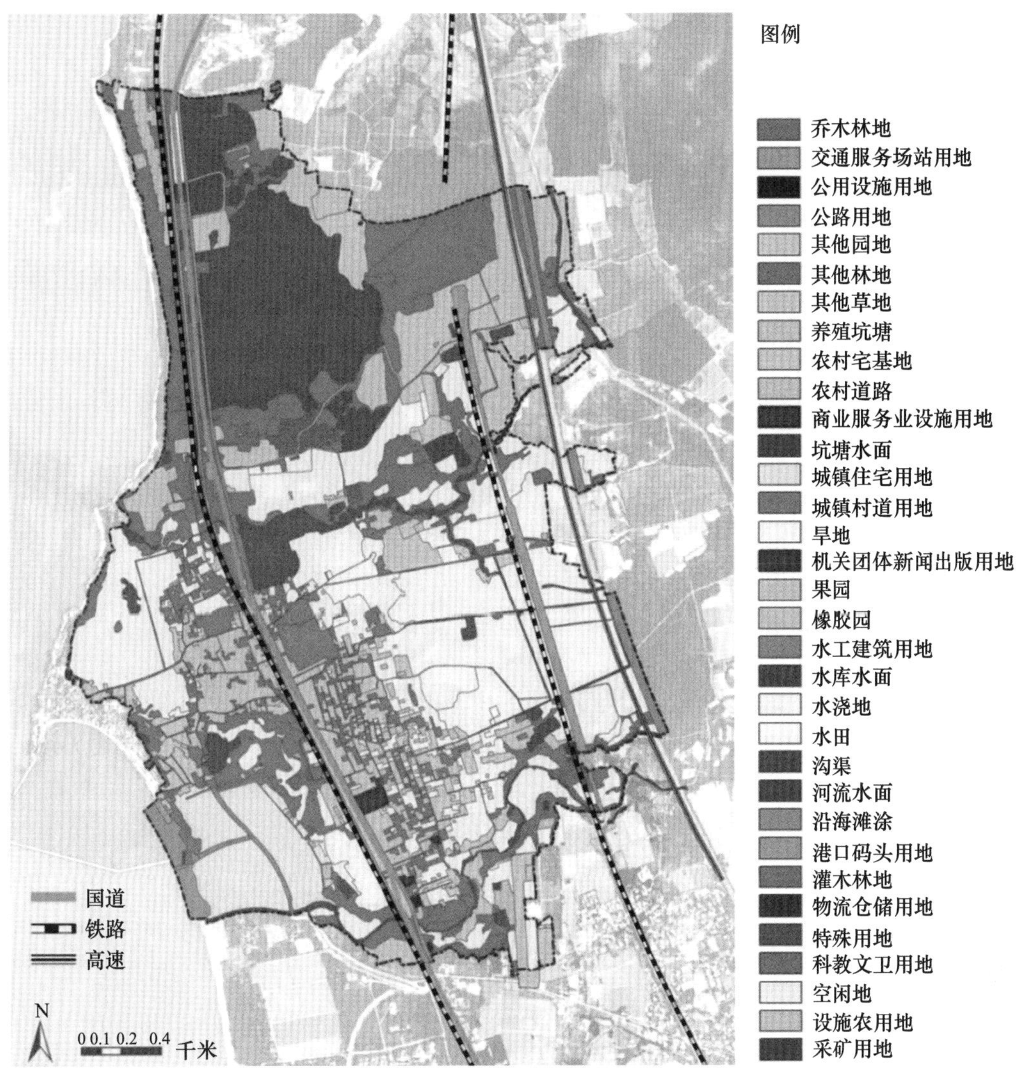


图 5-1　岭头村用地现状

村庄北侧的马鞍岭为历史遗留的花岗岩矿山，其面朝大海，具有观海的绝佳地理优势，是岭头村相较于其他滨海村落的独有资源，但因长期重开发、轻治理，导致该区域各类资源破坏严重，且存在地质灾害隐患，处于停产废弃的状态，现已开始实施矿山地质环境治理与生态修复项目。村庄西侧临海，拥有丰富的岸线资源，景色优美，南段岸线享有中国“最美落日海滩”的美誉；中段岸线拥有乐东县第一个国家一级渔港岭头渔港，渔业资源丰富；东侧则设有龙沐湾国际度假区配套设施，“最美落日”与高端居住体验在节假日吸引大量游客前往旅游体验（图 5-2）。

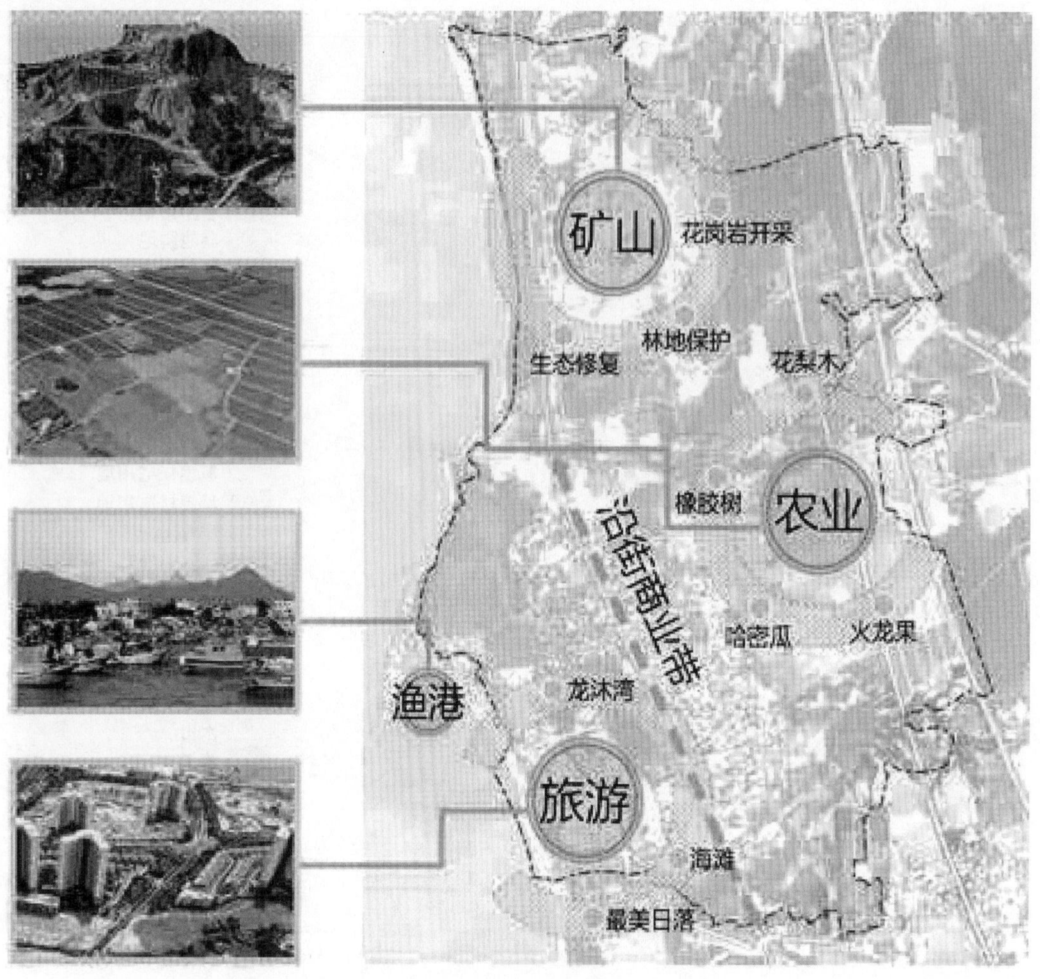


图 5-2　岭头村现状资源分布

从交通层面来看，多条交通干道纵向贯穿岭头村，连接了东方市和三亚市。沿海各镇区间交通较为便利，便于村庄资源运输与游客输入，为村庄旅游服务发展奠定基础（图 5-3）。在宏观区位层面上，岭头村处于尖峰镇“一镇一湾三区、两轴两带四点”的空间发展结构最西端，定位为尖峰镇的滨海旅游中心（图 5-4），尚处于初期开发阶段，具有较大的发展潜力。村庄作为旅游服务节点，拥有丰富的滨海景观资源，可立足于此，依托山海资源发展岭头村旅居产业。

综上，岭头村拥有独特的自然景观资源、便利的交通区位、丰富的矿山和滨海资源，村民经济富裕，具有巨大的发展潜力，为村庄从资源采集型向风景旅游型转变奠定了基础。针对现有的发展条件，小组成员通过对岭头村的进一步调研和分析，完善基础资料汇编，为接下来的规划设计打下坚实基础。

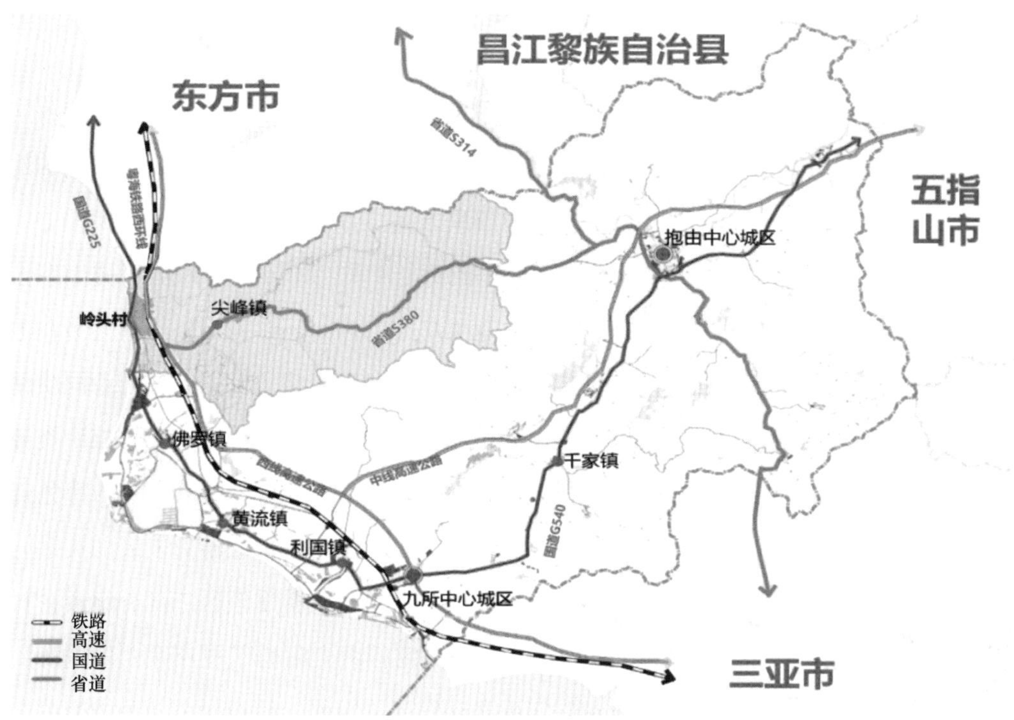


图 5-3　岭头村交通区位

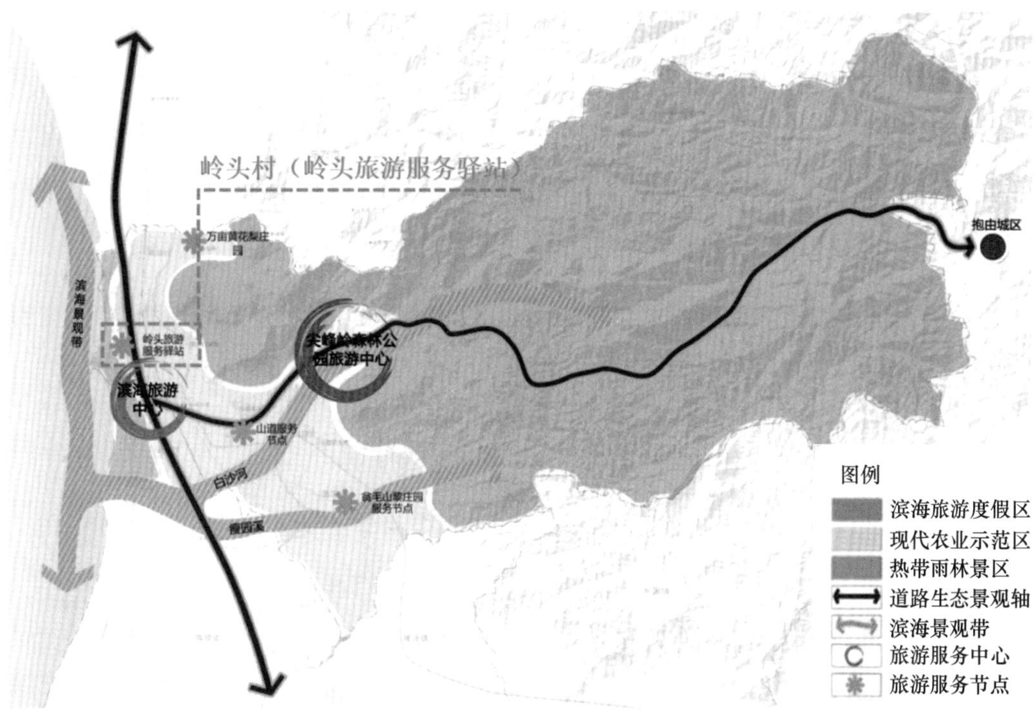


图 5-4　尖峰镇镇域空间结构规划

## 二、分析乡村

通过对岭头村发展现状的分析梳理，小组成员总结出了生态资源破损、旅游业同质化竞争、居民点空间割裂、候鸟人群基数大四大方面问题。基于对这些现状问题的剖析，针对性地提出该村规划设计的核心理念及解决方案。

其一，生态资源破损。马鞍岭矿山由于长期过度开采，导致当前矿山区域生态景观、土地资源和海岸地貌遭受破坏、水土流失现象严重，同时还存在岩石崩落等潜在地质灾害危险，矿山停运废弃后土地空置也造成了空间资源的浪费。其二，旅游业同质化竞争。结合上位规划定位可知，岭头村发展旅游业是必然趋势，但乐东县生态旅游资源丰富，周边村庄旅游业发展同质化程度高，因此岭头村如何发掘出属于自己的特色资源并找到合适的发展方向对其加以利用，避免同质化竞争，是未来旅游业发展的关键问题。其三，居民点空间割裂。岭头村居住区由旧村、新村和旅游度假区三部分组成，村庄居民点新村及旧村被 G225 国道及铁路分割，在一定程度上阻碍了村庄东西两侧海滨与内陆的联系，滨海景观与经济产业难以实现联动发展。因此，打通村庄两侧的交流通道、实现全村域共同发展势在必行。其四，候鸟人群基数大，其在侵占本地资源的同时也带来了发展机遇。首先，在候鸟人群的刺激下，村庄旅游业得到发展，为村民带来经济效益；候鸟式养老推动购房需求，促进当地房地产发展。其次，候鸟老人的涌入，导致村庄人口结构发生巨变，基础设施及公共服务设计存在明显淡旺季差异；同时文化生活差异与空间割裂，也加剧了村民与候鸟人群的隔阂。因此未来岭头村在大力发展旅游业的过程中，协调好候鸟人群与本地村民的关系是关键（图 5-5）。

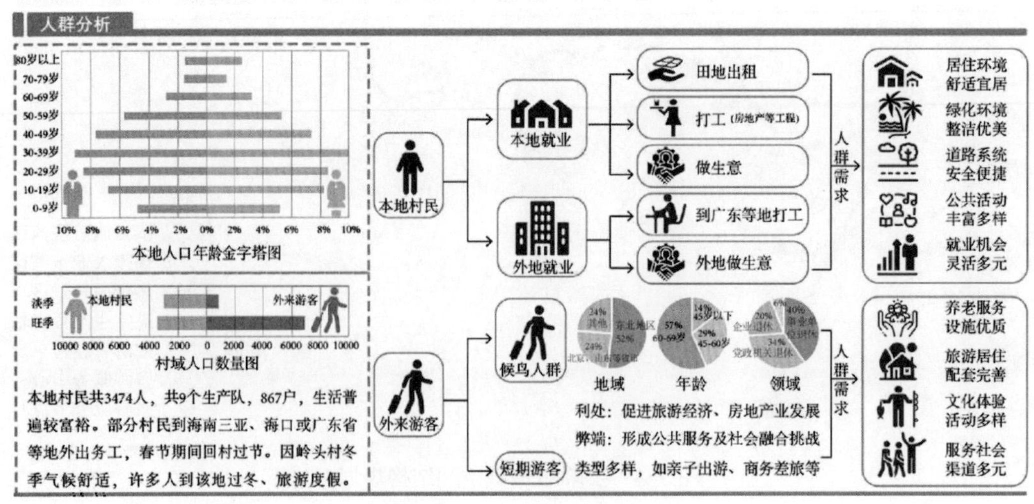


图 5-5　岭头村人群分析

## 三、设计立题

通过对现状基本发展趋势的分析，可以看出岭头村生态景观特色突出、交通便利，是未来旅游开发的基础，而当前村庄最突出的问题在于由于候鸟人群不断增加产生的季节性资源占用和社会融合等一系列问题，因此在课程教学中，我们引导小组成员思考如何处理好候鸟人群与本地村民的关系，弱化季节性差异等问题。最终，小组成员提出“候鸟入老屋、海山共此处”的设计口号。

首先，针对候鸟人群的不断涌入，小组成员基于现状发展趋势提出规划介入的方式，引导候鸟人群与本地村民融合，旧村作为两种人群在地理上的连接区域，是发展共生融合社区的关键。结合岭头村的自身特色及资源禀赋，在旧村及生态区置入发展点，进行文化型、社区型、季节性改造，以当地文化形式来适应各类人群的需求；同时在旧村建设新型乡村旅居社区，提高两种人群的生活质量，促进合作共赢；以及通过线上线下两种运营模式，进一步发展特色旅居产业，在吸引更多候鸟人群的同时保持村庄自我更新，实现乡村可持续发展（图 5-6）。

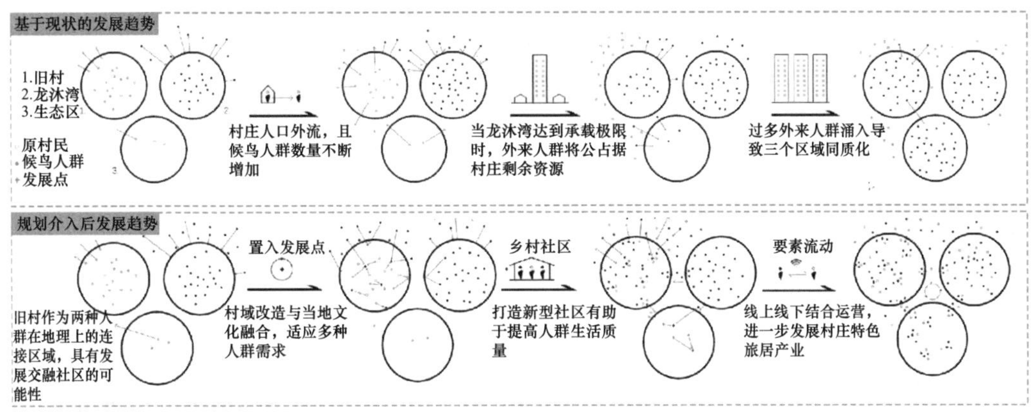


图 5-6　岭头村规划理念分析

其次，在确定岭头村未来整体发展方向后，小组成员针对生态、文化、产业、人群四个层面出现的问题提出策略。

生态层面，针对现状存在的马鞍岭矿山开采过度及岸线资源利用不足的问题，通过植被复育、公园建设的方式，修复与保护矿山生态景观；结合海岸线自身特点，将岸线划分为生态休闲型、娱乐活力型、渔家文化体验型及入海口生态修复型，进行分段保护治理或开发利用，从而打造山海相连、景色宜人、气候宜居、发展持续的生态景象。

文化层面，针对旧村崖州民居空置率高及村庄公共空间单一有限的问题，规划在尊重原有乡村肌理基础上，通过区域改建、打造亮点、活力植入的方式，以点带面地激发场地活力，使村民成为民居的拥有者及经营者，候鸟人群成为民宿的租住享用者，游客成为旧村的游乐体验者，形成原生气息浓厚、人群氛围融洽的人文景象。

产业层面，针对旅游业发展落后且淡旺季明显及农业发展集约性低的问题，规划完善岭头村旅居产业配套服务平台体系，打造功能复合的空间以提高资源利用效率；对农田进行划定分区，与旅居产业衔接的同时保证农业生产的高效运行。根据淡旺季策划不同活动类型，旺季时提供特色体验性项目为主，淡季时则以生活性活动为主。建设旅游为主、农业为辅的乡村生活体验场所。

人群层面，针对候鸟人群季节性往返、短期游客观光游览、本地村民被挤占资源的问题，方案通过打造线上线下相结合的活动平台，提高候鸟人群对村庄生活的参与感，增强游客乡村体验感受及本土文化认同感，同时让村民享受现有资源带来的收入提高。其次该平台也作为旅居服务及管理系统，为村民及候鸟人群提供突破时空的交流平台，有效弱化岭头村产业的淡旺季差异，营造村民安居、游客开心、候鸟留恋的生活景象（图 5-7）。

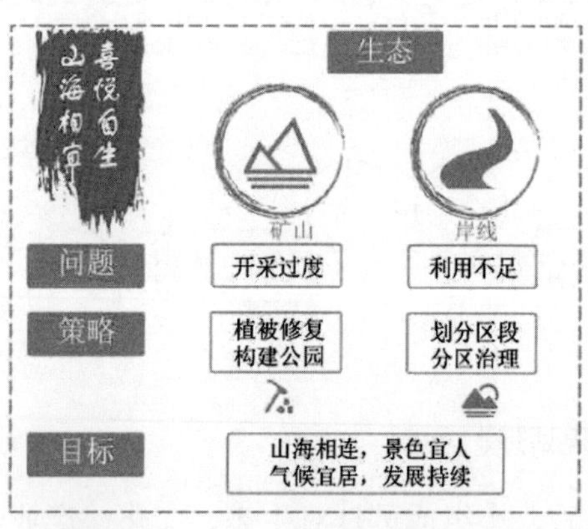


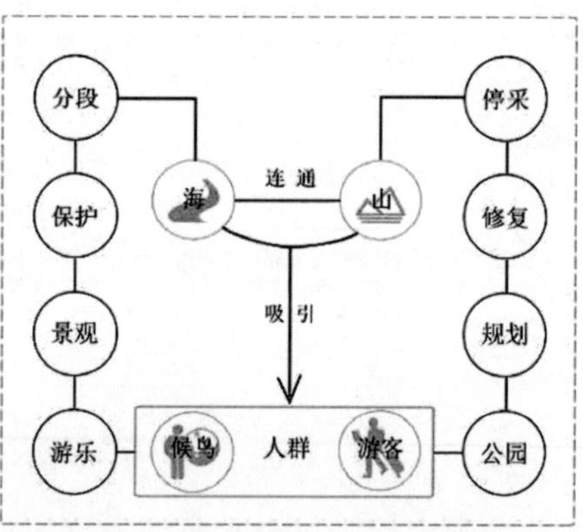


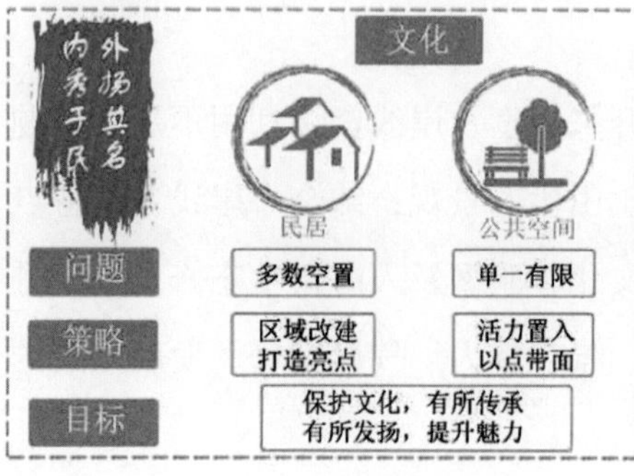


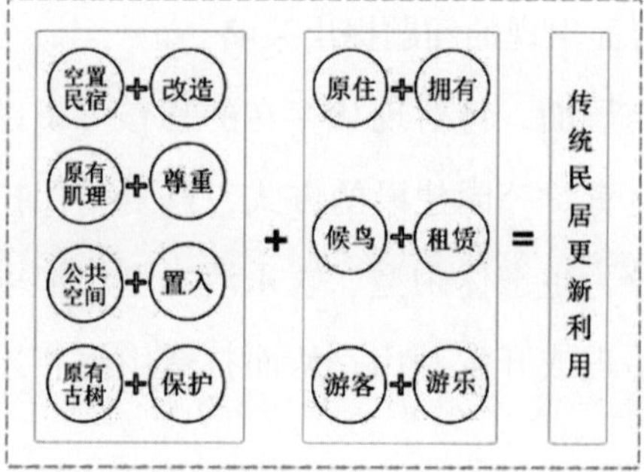

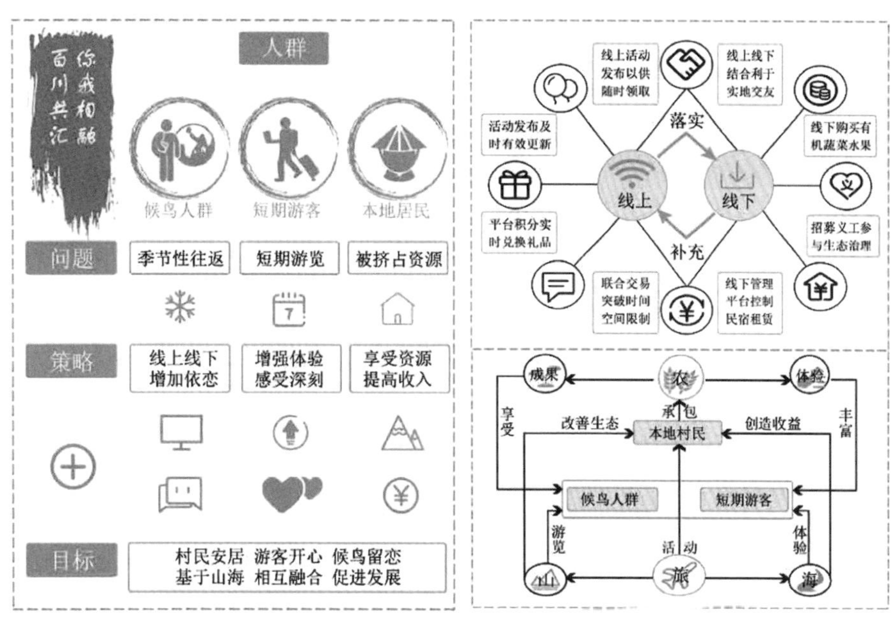


图 5-7　岭头村乡村规划设计策略

## 四、空间叙事

基于上述设计立题，小组成员针对岭头村村域内各区域的优势与问题，对岭头村进行整体空间规划布局（图 5-8）。方案按照村域产业类型将规划场地分为新村民居、沿街商业、旅行住宿、矿山观光、农田产业以及岸线漫步六大部分，并以此为基础细化了规划结构（图 5-9）。居民点分为新村风貌区、旧村民宿及龙沐湾三块，新村作为本地居民主要居住场所，规划新增学习中心、活动中心、聚会后院落、共享图书馆等公共场所，为村民交流活动提供场地；旧村则以民宿体验为主，其作为候鸟人群及游客的聚集地，提供富有当地特色的生活空间，是衔接两种人群的关键场所；在矿山、农田、滨海区植入各类旅游服务设施及观光项目，充分利用规划基地独特的生态资源，满足未来旅游发展需求。

同时小组成员充分考虑不同人群类型的空间使用需求，对海滨矿山、居住环境及公共空间等多个方面展开了详细的空间叙事设计，提出生态修复及利用策略、新旧空间缝合策略、旧村民居改造策略以及游线活动组织策略。

第一，海滨和矿山的生态修复利用。在海滨生态保护方面，根据岸线的特点打造渔家文化体验岸线、生态休闲岸线、娱乐型活力岸线、入海口生态恢复岸线四种不同类型岸线，在保护岸线生态环境的前提下满足人们娱乐、休憩、观海、交

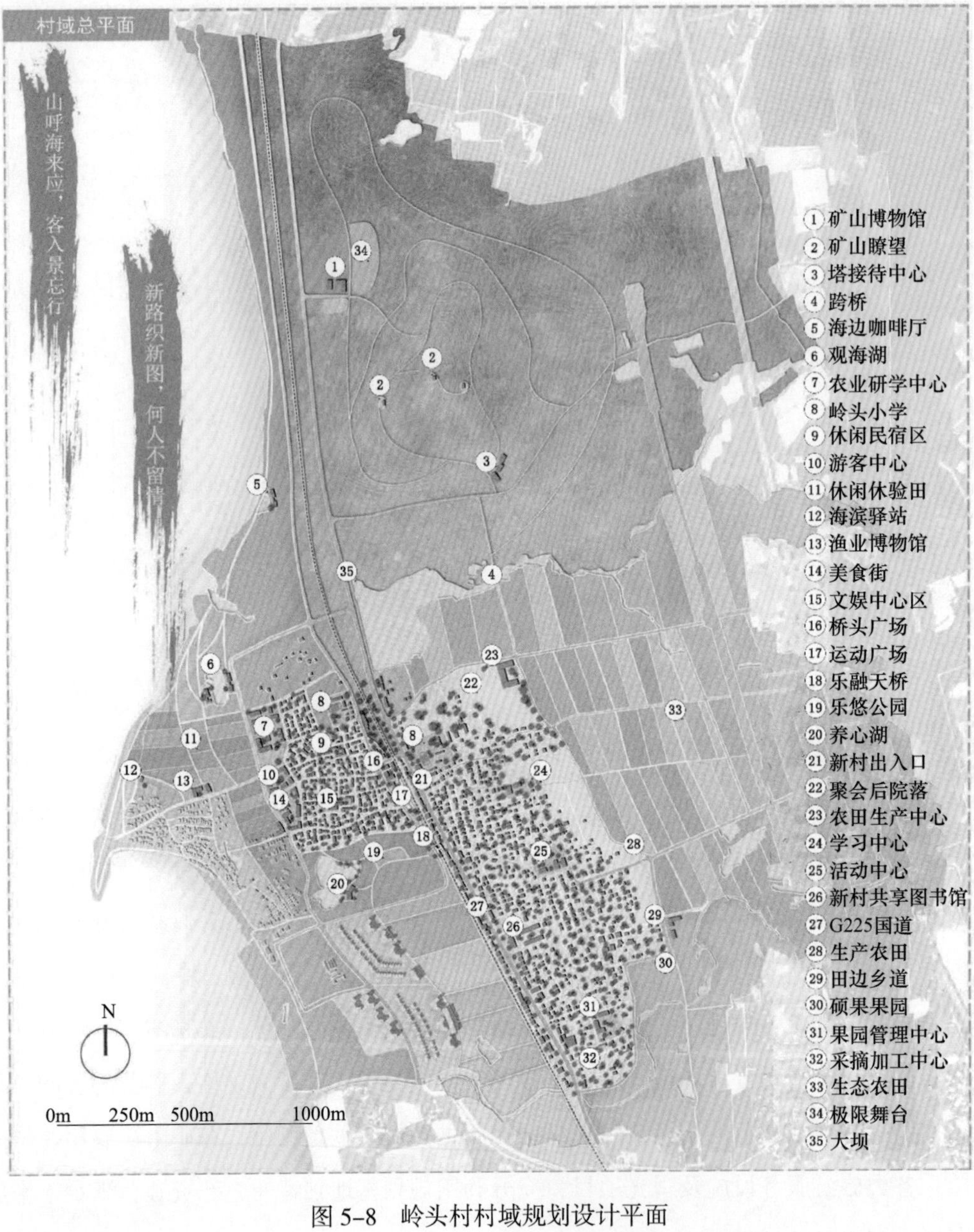

村域总平面
山呼海来应，客入景忘行
新路织新图，何人不留情
①矿山博物馆
②矿山瞭望
③塔接待中心
④跨桥
⑤海边咖啡厅
⑥观海湖
⑦农业研学中心
⑧岭头小学
⑨休闲民宿区
⑩游客中心
⑪休闲休验田
⑫海滨驿站
⑬渔业博物馆
⑭美食街
⑮文娱中心区
⑯桥头广场
⑰运动广场
⑱乐融天桥
⑲乐悠公园
⑳养心湖
㉑新村出入口
㉒聚会后院落
㉓农田生产中心
㉔学习中心
㉕活动中心
㉖新村共享图书馆
㉗G225国道
㉘生产农田
㉙田边乡道
㉚硕果果园
㉛果园管理中心
㉜采摘加工中心
㉝生态农田
㉞极限舞台
㉟大坝
N
0m 250m 500m 1000m

图 5-8　岭头村村域规划设计平面

村域产业分布图
矿山观光
农田产业
新村民居
沿街商业
旅行住宿
岸线漫步
行政规划结构图
林地景观区
矿山生态区
农业生产区
果园种植区
新村风貌区
生态岸线
老村民宿区
农田体验
龙沐湾
体验岸线
游乐岸线

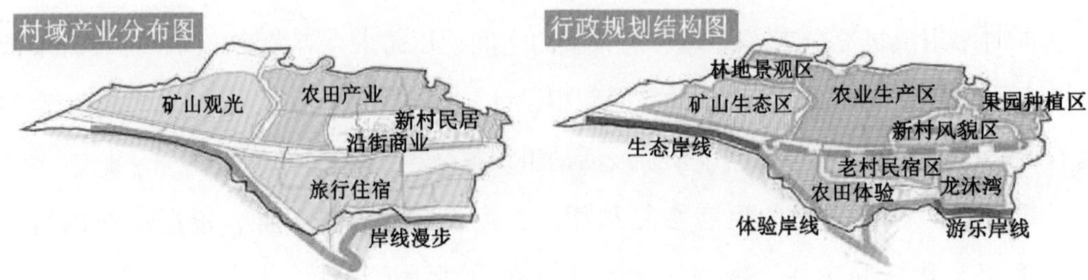

图 5-9　岭头村村域产业分布及规划结构

往、慢行等多种活动的空间需求。在矿山生态保护方面，从三个角度进行整治：其一是完善矿山排水系统，利用车道作为主要排水渠道，同时增设人工排水管道，预防山体滑坡事件发生；其二是改善矿山道路系统，以原有货车道路为基础设计登山步道，为矿山公园建设打下基础；其三是修复矿山边坡生态，首先对坡度较大的边坡进行生态修复，之后逐步恢复矿山生态系统（图 5-10）。

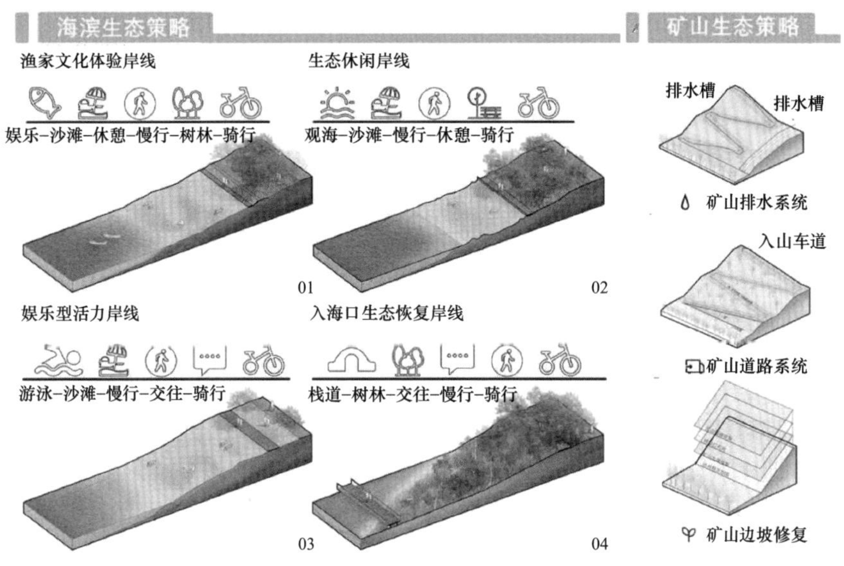


图 5-10　岭头村生态修复及利用策略

第二，新旧空间缝合。为了打破铁路对新旧村的割裂，规划建设连通新旧两村的天桥，并将衔接空间改造为桥下公园及社区活动中心。同时开发打造功能各异的共享空间盒子，置于民宿院落及新村中，实现公共建筑的共享性，为村民及候鸟人群的公共活动提供多样舒适的场所（图 5-11）。

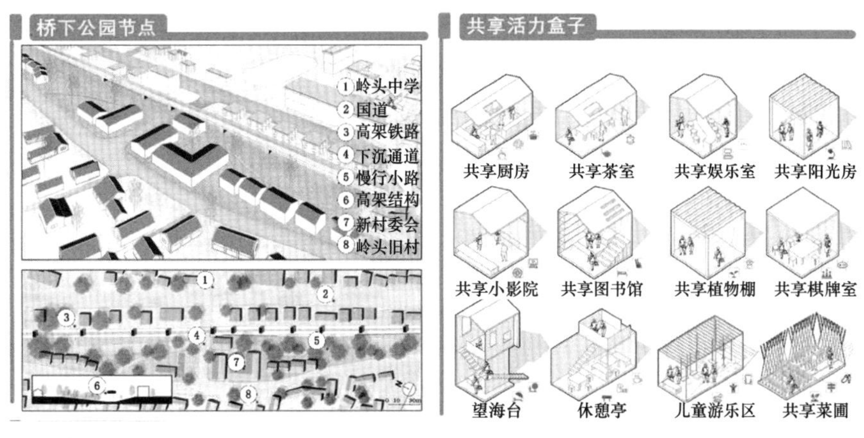


图 5-11　岭头村新旧空间缝合策略

第三，旧村民居改造。旧村的更新改造是实施候鸟入老屋的重点，设计在尊重村庄原有肌理的基础上对旧村区域进行道路梳理、空间组团优化、民宿和公共点增设、中心区改造，对旧村整体进行重新布局，打造以民宿居住为主的新型社区，实现新村与龙沐湾的空间过渡，为候鸟人群与本地居民的交融共生提供场所。首先，对于闲置的民居，利用传统崖州民居的接檐元素进行改造，以接檐下的灰空间作为连接要素，植入家庭民宿及共享餐厅功能；其次，根据不同组团空间的建筑布局情况，对空间内的建筑进行相应改造，从而营造多样化的民宿空间模式，提供更加丰富多样的活动空间，满足游客的各种居住活动需求（图 5-12）。

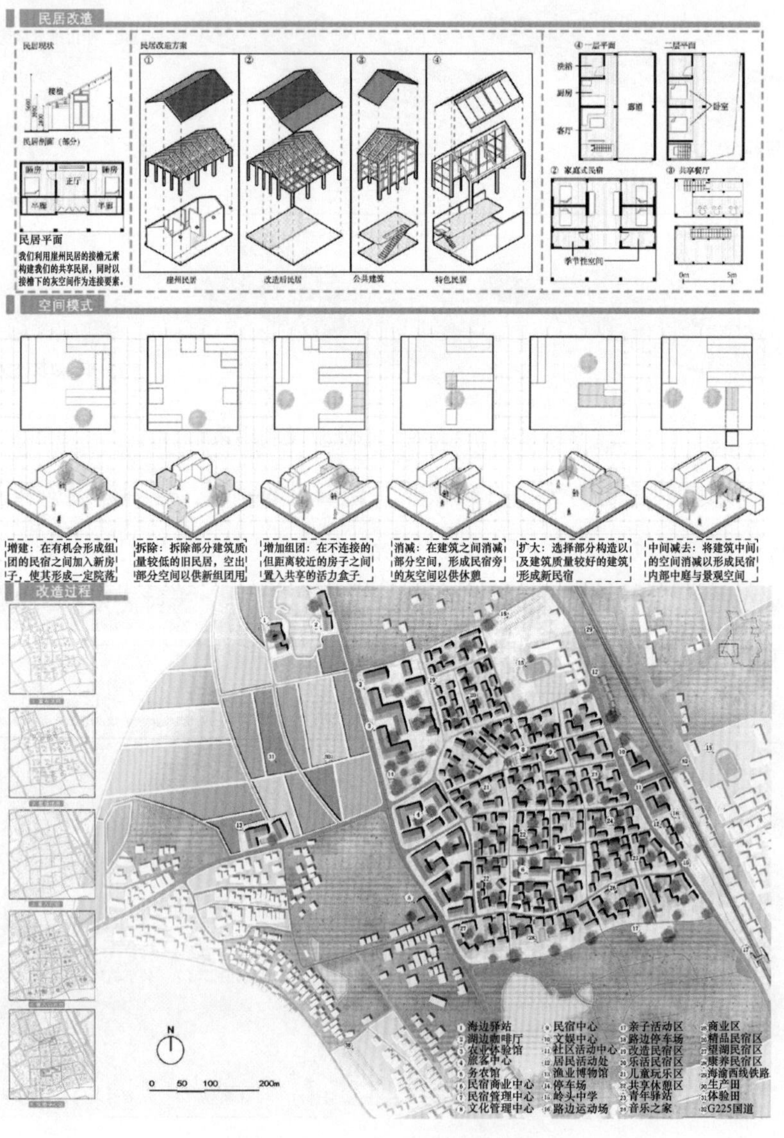


图 5-12　岭头村旧村民居改造策略

第四，游线活动组织。根据岭头村民、周边游客、候鸟人群三类人群需求，进行多样化游线空间组织，并在淡旺两季利用现有空间资源进行不同活动策划：农田成为村民展示耕作文化、游客体验劳作的空间；海岸矿山成为村民及游客休闲娱乐、放松身心的公共景观场所，同时在淡季时期转变公共建筑功能，利用民宿承担部分蔬果仓储的功能，渔业博物馆、农业研学中心则转变为文化展览、会议承办等功能。丰富多样的活动及空间在满足各类人群游玩需求的同时也为不同人群间的交流创造机会，从而促进群体融合（图 5-13）。

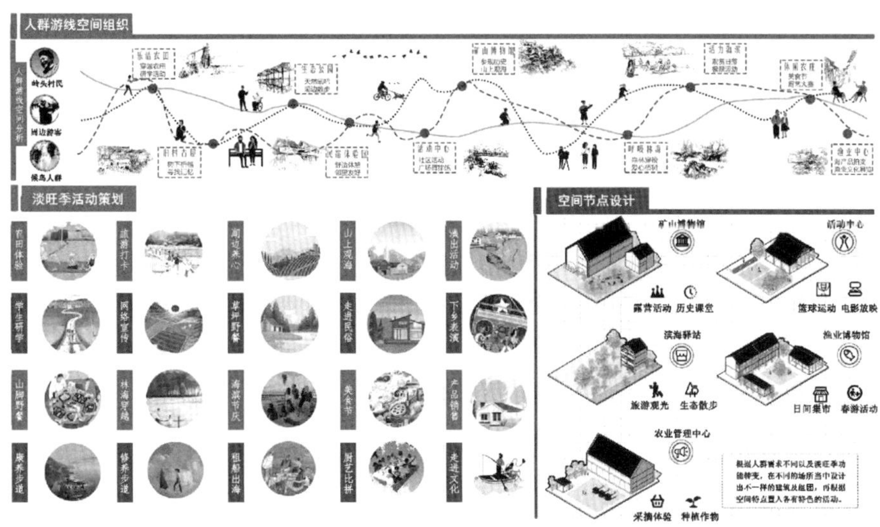


图 5–13　岭头村游线活动组织策略

## 五、方案简评

本方案对岭头村区位交通、生态资源、产业发展等村庄现状特征及问题进行了较为深入的剖析，从候鸟人群给村庄发展带来的机遇和问题出发，提出生态、产业、文化、人群四大方向的设计策略。方案的优点体现在以下几方面：设计立题合理，思路清晰，能够准确把握岭头村发展特征和生态优势，并进行充分合理利用；通过天桥建设、桥下空间利用、活力盒子植入、老屋改造等多元手法处理新旧村之间的空间隔离问题，以及本地居民和候鸟人群之间的社会融合问题；在空间叙事中，对细部空间进行了多样具体的设计改造，策略的落实性较强，小组成员在乡村规划的空间设计和表现手法上都具有不错的水平。但方案仍存在一定的提升空间，可以从以下几个角度加以完善：首先，方案在现状分析阶段，未能形成较为系统的逻辑框架，现状分析深度不足，导致问题提出与规划设计策略脱节；且在主题方案上，小组成员虽然能够抓准人群问题，提出具有岭头村特色的设计策略，然而在对候鸟主题的诠释方面，尽管能够总结出不同类型人群之间的冲突与融合问题，但对其各自以及彼此间面临困境的成因、走向与具体解决策略的思考仍有继续深化的空间，后期详细设计与候鸟人群的主题联系较弱，在解决策略上相对主要矛盾有一定偏移；其次，在本方案中，小组成员对崖州民居和矿山提出了非常详尽的改造方案，展示了多种多样的改造模式，但没有完全落实到具体的空间场景之中；最后，方案对矿山公园、农田采摘区、滨水岸线等部分的设计表达比较单薄，需要进一步深化和锤炼。

设计小组成员：李泳霖、吕竞晴、彭文楷、李效光

设计指导教师：邵亦文、张艳、李云、陈宏胜

## 第二节　归“源”田居、余闲养老：湖南省永州市蓝山县新圩镇水源村规划设计

### 一、认知乡村

水源村位于湖南省永州市蓝山县东部，属新圩镇管辖，因处于舜水河支流的发源地而得名，全村 206 户 1822 人。水源村西北两面毗连以梨园著称的大洞镇，北上可达湘南重镇塘村镇，南临同镇的山下村、杨家坊村、邹家村，东连坪山村，临近 S324 省道和蓝大公路，交通相对便利（图 5-14）。村内用地类型以耕地为主，林地次之，主要种植水稻和烤烟（图 5-15）。水源村三面环山，山明水秀，自然和人文景观良好，因此被评为蓝山县十大最美乡村。

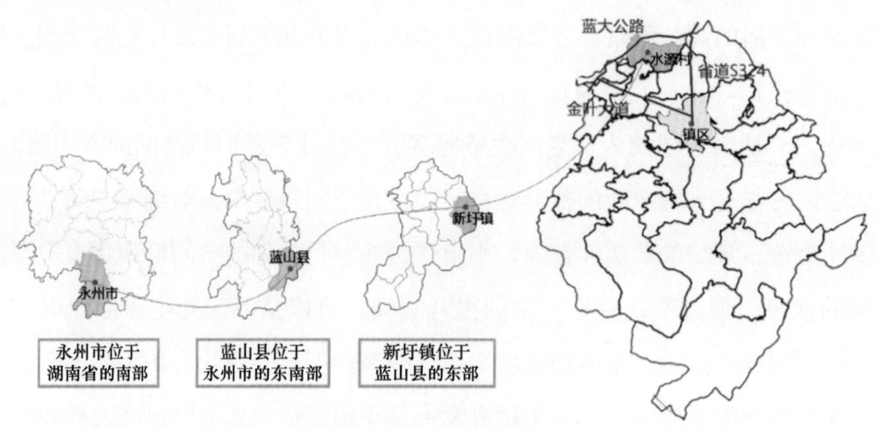


图 5-14　水源村区位

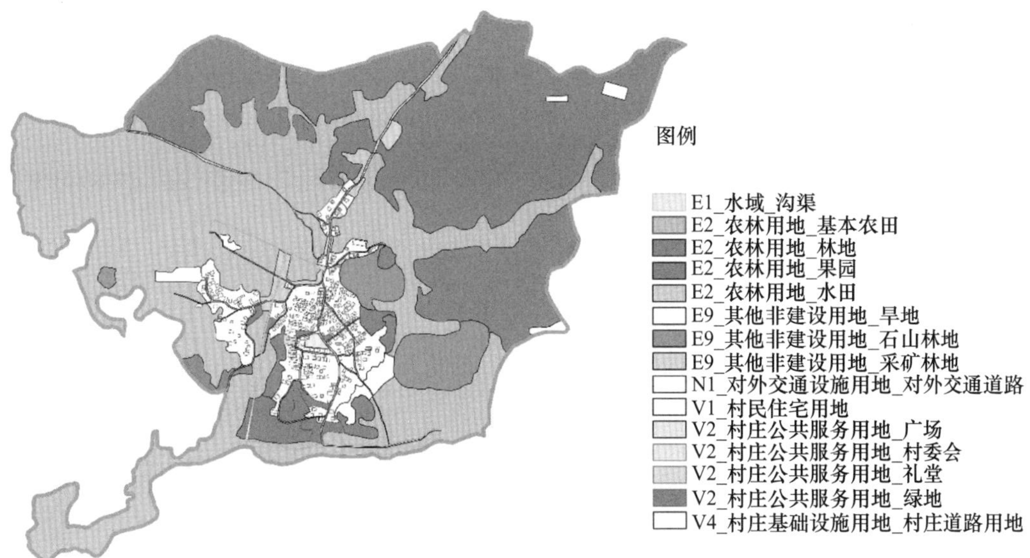


图 5–15　水源村土地利用现状

水源村历史悠久，特色文化资源丰富，以传统工艺酿制的牛屎酒，是村庄特色之一。村内拥有具有上百年历史的龙府井、天然形成的栖凤岩以及村内零散分布的百年古树；同时还有一片古建筑群，包括杨氏古宅和杨氏宗祠，建筑质量尚可，但现处于荒废状态，在村庄的未来发展过程中可考虑将其活化利用，打造具有吸引力的观光景点（图 5-16）。

图 5–16　水源村特色资源

综上，水源村自然景观优质，历史人文氛围浓厚，但在城镇化冲击下日渐衰落，未得到充分的激活和利用。在初步认知的基础上，小组成员针对这些发展条件的具体表征、作用机制和空间分布进行进一步调研，从而完善对水源村的分析，为规划设计打下良好基础。

## 二、分析乡村

在对村庄现状概括有初步认识后，小组成员整合了调研资料与村民访谈记录，从人口、产业、设施、建筑等四个方面分析村庄现状问题及未来发展挑战（图 5-17），提出针对性的解决之道，提炼乡村规划设计方案的核心理念，引领后续的规划设计。

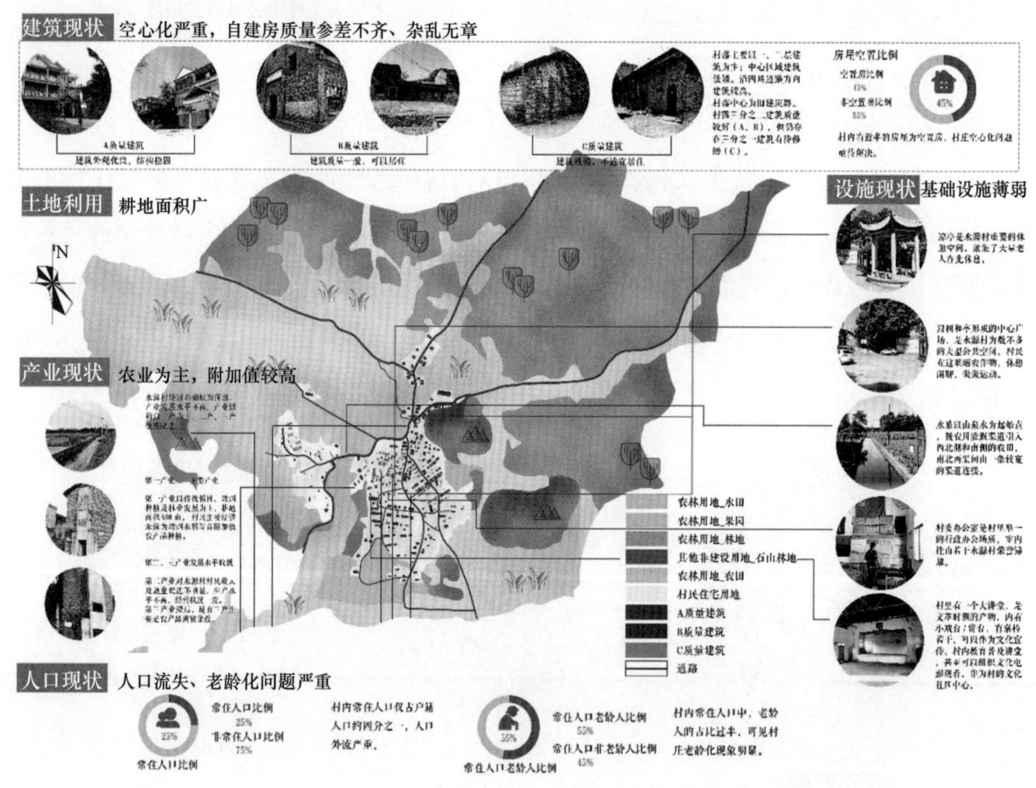


图 5-17 水源村主要发展问题分析

首先，人口结构方面，水源村内的常住人口仅占户籍人口的四分之一，人口流失问题严重，且大多青壮年外出务工，村中人口以老年人居多，老龄化现象明显。经过多年努力奋斗，从水源村出来的人员在外开枝散叶，取得了巨大的成就，形成了能够助力乡村发展的人脉资源。据不完全统计，该村目前在外工作的国家干部有 50 余人，在外经商创业的有 70 余人，为水源村未来发展休闲养老和特色农业提供资金和人才支撑，未来可通过政策扶持等人才引进措施，吸引村民回村发展。

其次，产业结构方面，水源村属于传统以农业为主导的乡村，二、三产业发展水平较低，现有三产主要是农产品商贸集散。村民收入与就业率不高，当前面临产业转型的发展需求。考虑到水源村缺乏发展工业的基础，若盲目发展工业，会给村庄经济、环境造成巨大损失。但其生态环境良好，拥有较好的景观基底；同时，水源村交通较为便捷，有利于农事体验植入与农产品商品化发展。

再次，从公共空间整体来看，水源村内仅有凉亭、中心广场、大讲堂等公共活动场所，独特的水系空间未得到充分利用，公共空间供给数量不足，很多村民的活动空间仅限于宅基地的家门口，无法满足村民日常生活所需。从分布来看，公共空间分布呈现以村委办公室为中心聚集的分布形态，辐射范围较小。水源村公共空间和公共设施的供给不足促使村内人口不断向城镇迁移，而这进一步加剧了公共空间的衰落。

最后，水源村内中心区域建筑低矮，沿四周道路方向建筑较高；村落中心为具有历史保护价值的旧建筑群，村内大部分建筑质量较好，但仍有小部分建筑情况较差，有待修缮；且村内有近半的房屋为空置房，村庄空心化的问题亟待解决。

## 三、设计立题

基于以上对水源村现状及村庄发展问题解析，可以看出村庄文化资源优越，但面临的人口流失、老龄化、房屋空心化现象严重。当下社会养老需求的激增和国家省市的政策倾斜，为水源未来发展提供了机遇。因此在讨论比较后，小组成员最终提出“归源田居、余闲养老”的设计口号：依托水源村优越地理位置和自然条件，提出“发展体验式养老”的模式，构建集居住生活、娱乐休闲、生态种植、田园观光、文化养生、康体健身于一体的田园养老型乡村，并且从基础设施、农业发展、田园养老模式三方面提出村庄未来发展策略（图 5-18）。

具体措施主要包括：其一，完善基础设施，优化人居环境。面对水源村自建房杂乱无章、村庄人口流失等问题，通过完善公共基础设施及农业基础设施，满足居民生活、生产需求；采用优化核心区交通环境、道路适当植入休闲设施、指导房屋有序建设、修缮拆除旧房危房等策略。其二，发展高附加值农业，适时发展农业加工。基于水源村自身的自然文化资源的优势和外出人员投资意向强的特点，继续进行烤烟、水稻种植，近期新增发展油茶种植，增加农产品经济效益；联合周边城镇或村庄，规模化生产以降低成本，增加农产品加工业类别。同时预留农业加工用地，为村庄农产品加工业发展留有可能。其三，田园养老发展模式。首先，规划提出以老人生活喜好及水源村特色资源为出发点，构建适合养老的生活空间。依靠水源村现有的农田、石山和龙府井等自然资源，规划景观空间节点，为旅居老人提供自然体验场所；将水源村的人民公社大礼堂和杨氏宗祠等古建筑进行保育活化，构建村民和旅居老人的文化意识体系，在吸引老人观光体验的同时实现对历史文化的传承、保护；为老人提供自耕自给的体验式务农项目，减少外出采购次数；将村庄现有的空置房进行修缮及功能置换，改造为寄居养老民宿与活动中心等，完善配套设施，满足老年群体多样化需求，为老年人提供特色养老服务。其次，打造系统性田园养老运营模式，在相关政策支持及村委会协调下，吸引村民回村投资，建设完善的基础设施，实施空置房建筑修缮、功能置换、承包经营，以较低成本建设体验式养老村庄。同时联合周边设施共同建设，满足更大范围内的养老需求，发挥自然文化优势，丰富养老体验。

图 5-18　水源村乡村规划设计理念

在以上理念和具体策略的框架下，为了提高规划的可操作性，指导教师进一步引导小组成员思考水源村发展田园养老模式的可行性，并落实不同策略的具体空间安排，让村民的生活场景和养老体验活动也融入乡村整体画卷之中，下一步展开具体的空间叙事过程，搭建清晰的框架（图 5-19）。

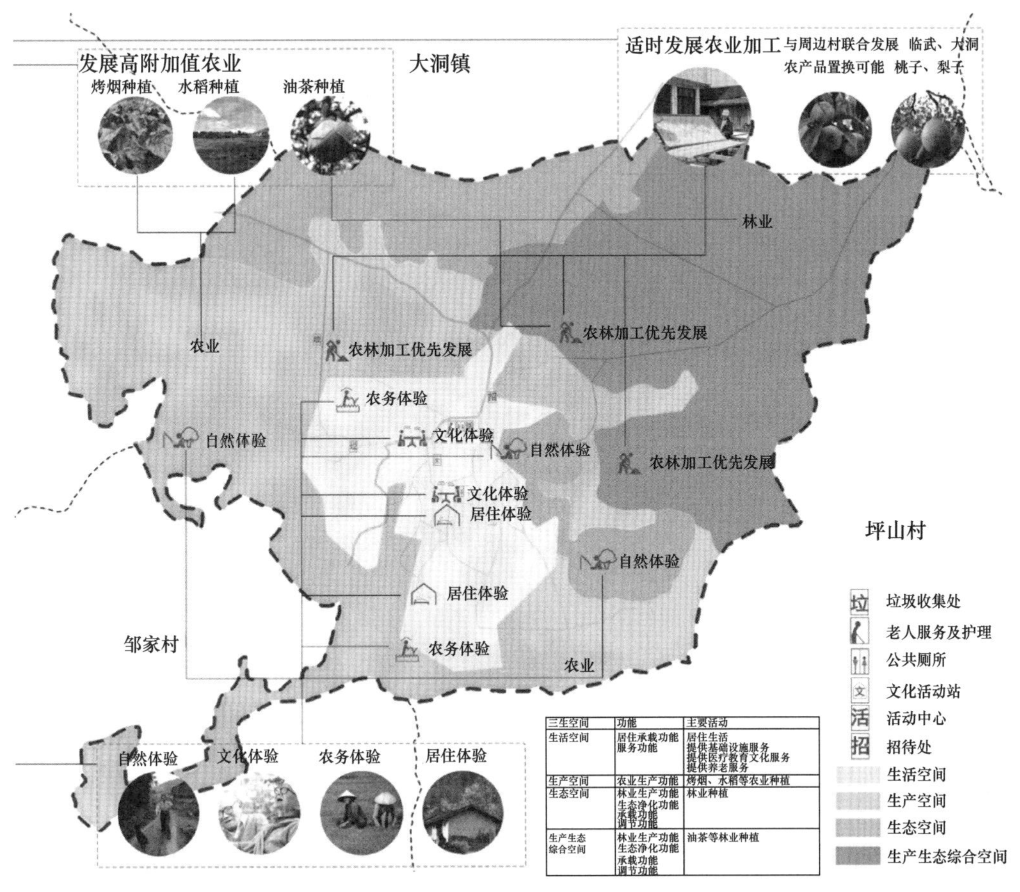


| 三生空间 | 功能 | 主要活动 |
| --- | --- | --- |
| 生活空间 | 居住承载功能<br>服务功能 | 居住生活<br>提供基础设施服务<br>提供医疗教育文化服务<br>提供养老服务 |
| 生产空间 | 农业生产功能 | 烤烟、水稻等农业种植 |
| 生态空间 | 林业生产功能<br>生态净化功能<br>承载功能<br>调节功能 | 林业种植 |
| 生产生态综合空间 | 林业生产功能<br>生态净化功能<br>承载功能<br>调节功能 | 油茶等林业种植 |

图 5-19　水源村空间规划结构设计

## 四、空间叙事

小组成员基于上述设计理念及策略，本着发挥村域各板块生态、生产和生活相对优势的原则，展开水源村整体规划布局（图 5-20）。依托村庄道路骨架，以田园养老为主题，小组成员将水源村划分为体验式农田区、生活区、历史风貌区、生态保护区四大功能区；同时规划系统性生态绿化景观格局，强调渠水及排水流向，完善村庄水源供给设施建设。在整体规划布局的基础上，小组成员从养老生活圈规划、人居环境整治、空间节点设计三方面着手，完善水源村村庄发展规划，落实养老发展的主题理念。

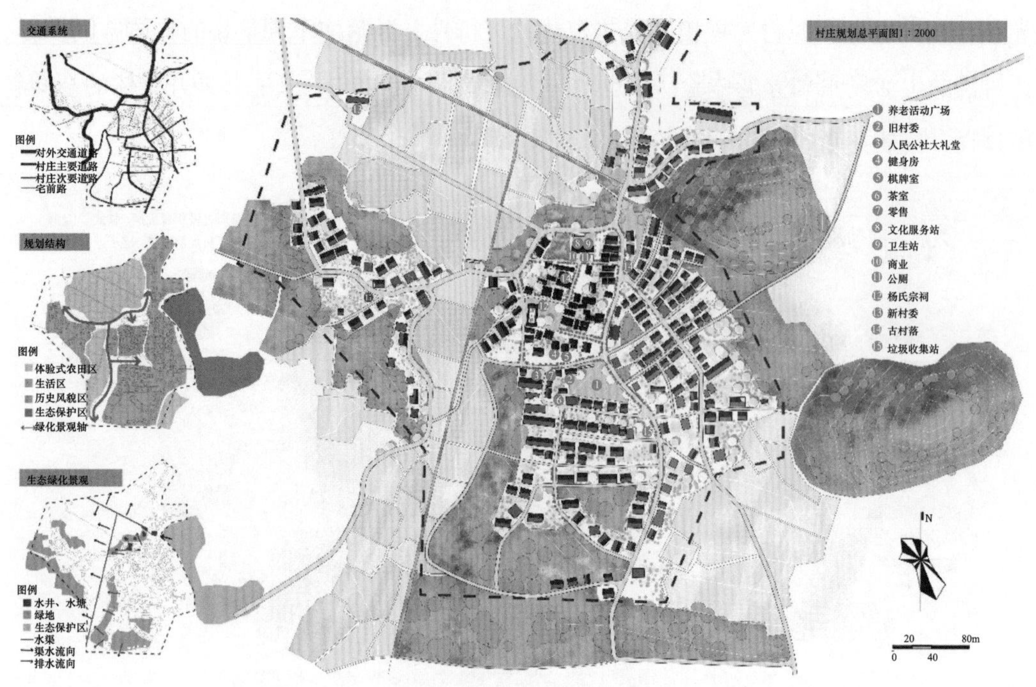


图 5–20　水源村村庄规划平面

第一，养老生活圈规划。基于上述田园养老规划策略，在具体村庄空间中落实体验式农田规划、公共建筑与活动场所养老功能置换；安排农务体验、文化体验、探亲体验、居住体验等项目活动的具体空间场所，满足老年群体多样化需求，完善村庄居民的公共活动空间。多样化的养老产业既提高了居民的生活幸福指数，又增加了居民的经济收入（图 5-21）。

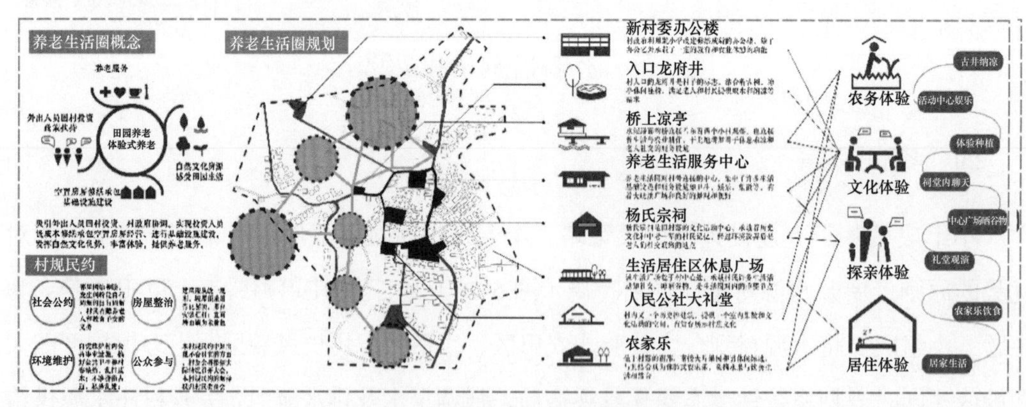


图 5–21　水源村养老生活圈规划策略

第二，人居环境整治。对水源村建筑、街道及公共空间进行规划整治，以提升村民及养老人群的生活质量。将水源村的建筑分为历史风貌保护建筑、功能置换房屋、公共生活服务征房、村落整治房屋和新建建筑，针对不同建设类型提出不同整治方式；对宅前路及院落空间进行梳理，铺设了更规整的宅前小路，形成了若干建筑组团，组团间采用绿化带隔离，结合住宅后院形成绿化空间（图 5-22）。

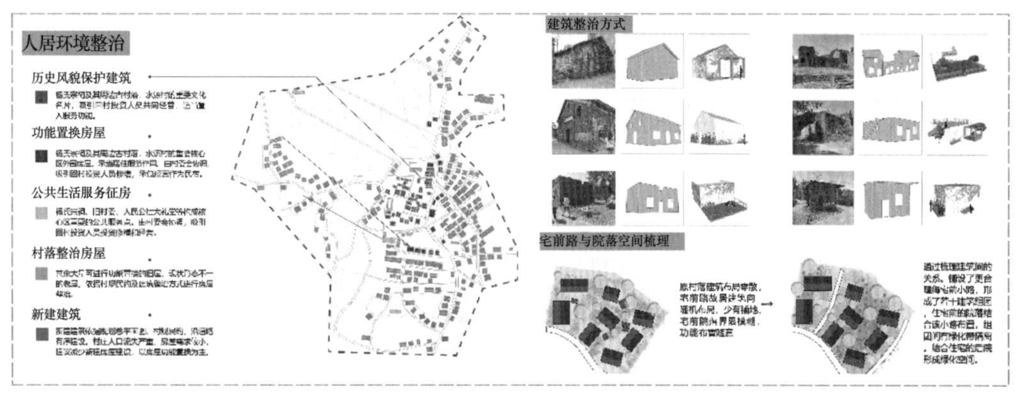


图 5-22 水源村人居环境整治策略

第三，空间节点设计。在空间层面对村庄入口、村庄中心两处节点空间展开细节设计。首先，村庄入口节点是外来游客进入村庄的地标，在设计上结合开阔的田野风光与现有古井资源，形成良好的景观节点。以水源村山泉泉眼为核心，结合凉亭和开放的广场，为居民提供充足的活动场地，同时将入口主要建筑征用为养老服务中心，对其旁边的原水池进行了水系疏通和景观植物布置，为居民提供环境良好的活动空间。其次，村庄中心为村民的活动广场，主要为村民的日常休闲锻炼和重大活动的举办提供公共空间，设计上对中心广场进行动静分区和人群流线的疏导，将广场后排的房屋设置为共同经营的民宿和商业服务，将其作为养老生活圈对内服务老人的核心区域。同时增设生活服务设施及绿化，疏通广场对外路径，提高空间质量，便于周边人群前往（图 5-23）。

## 五、方案简评

本方案呼应老龄化的社会背景和现实需求，提出鲜明的“归源田居、余闲养老”设计主题，以体验式田园养老运营带动乡村发展；小组成员能够有效把握设计重点，将规划设计策略落实到具体空间上，特别是围绕养老主题对活动场所进行了较为细致的安排。方案仍然存在一些可改善之处，需要结合以下意见优化：第一，体验式养老发展理念颇具特色，但小组未能清晰充分地说明在此处实践养老理念的理由，容易导致设计构思缺乏说服力，建议结合政策背景和区域客源市场进行更深入的分析；第二，人居环境改善的处理手法比较老套和破碎化，缺少针对村庄整体风貌和适老化居住空间及交通出行的考虑；第三，方案缺少具体运营组织机制、收益分配方式等的谋划设计，也缺少对养老人群与当地居民社会融合问题的关注，影响了实际可行性。

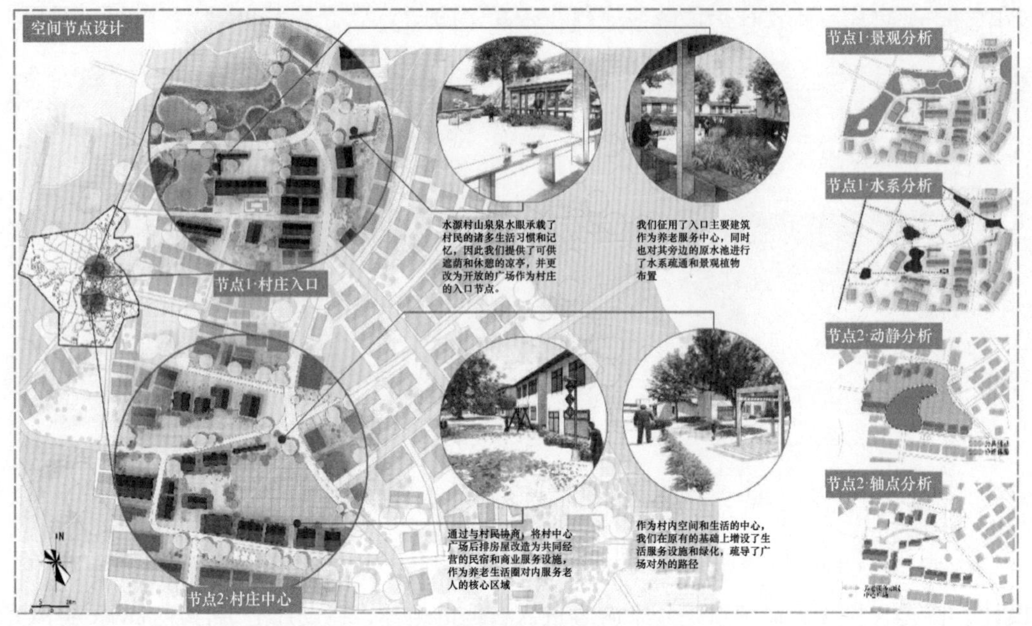


图 5–23　水源村空间节点设计

设计小组成员：钱冠杰、陈钺、赖静茵、吴作杰、孙明佺

设计指导教师：陈义勇、邵亦文、张艳、刘倩

## 第三节　半山半海半天云：广东省深圳市大鹏新区南澳镇半天云村规划设计

### 一、认知乡村

半天云村位于广东省深圳市东部，属大鹏新区南澳街道管辖，整村坐落于抛狗岭半山腰海拔约 120 米处。村落背山面海、风景秀丽，因时常云雾缭绕而得此名，被选为广东最美乡村。半天云村曾住有百余人，后因其临近枫木浪水库水源保护区，出于水质保障和安全管理上的要求，如今已人去楼空，成为一座空心村（图 5-24）。该村有 400 余年历史，客家文化底蕴浓厚，村中保留有大量客家风格古建筑，其建造形制和装

饰手法独具地域特色。2018 年，半天云村古建筑群被大鹏新区认定为“一般不可移动文物”。此外，该村还保留着完整繁密的风水林，其中包含树龄 500 年的古秋枫树、200 年的古石笔木和五月茶等众多古木。

图 5–24　半天云村鸟瞰 [1]

从区位条件分析，半天云村所在的大鹏新区是深圳东进战略的重要区域。作为深圳市重要的生态功能区，大鹏新区的功能定位被确立为滨海旅游服务中心、海洋科技和教育基地、康复医学示范区。目前，伴随着较场尾、大鹏所城、官湖、东涌、西涌等旅游目的地吸引力的不断提升，大鹏新区已逐渐成为深圳及其周边城市的滨海休闲度假胜地。根据不同类型旅游资源的空间分布，大鹏新区形成了滨海民宿旅游区、历史文化旅游区和村落休闲旅游区三大旅游主题板块。其中，半天云村隶属于村落休闲旅游板块，将成为板块重要的旅游节点（图 5-25）。

综上所述，半天云村在区位条件、山海风光、客家文化底蕴、客源市场等方面的旅游发展条件优越。但是，村落整体位于深圳市基本生态保护线内，按照管控要求不能进行大规模的房屋拆除和开发建设，村落的开发改造受到了全方位的限制。因此，半天云村的旅游开发必须生态优先，适度开发，在不破坏生态环境的前提下最大限度地提升旅游吸引力。

1　图片来源：https：//yun.szlib.org.cn/szmem/ancient/view/id-495.html

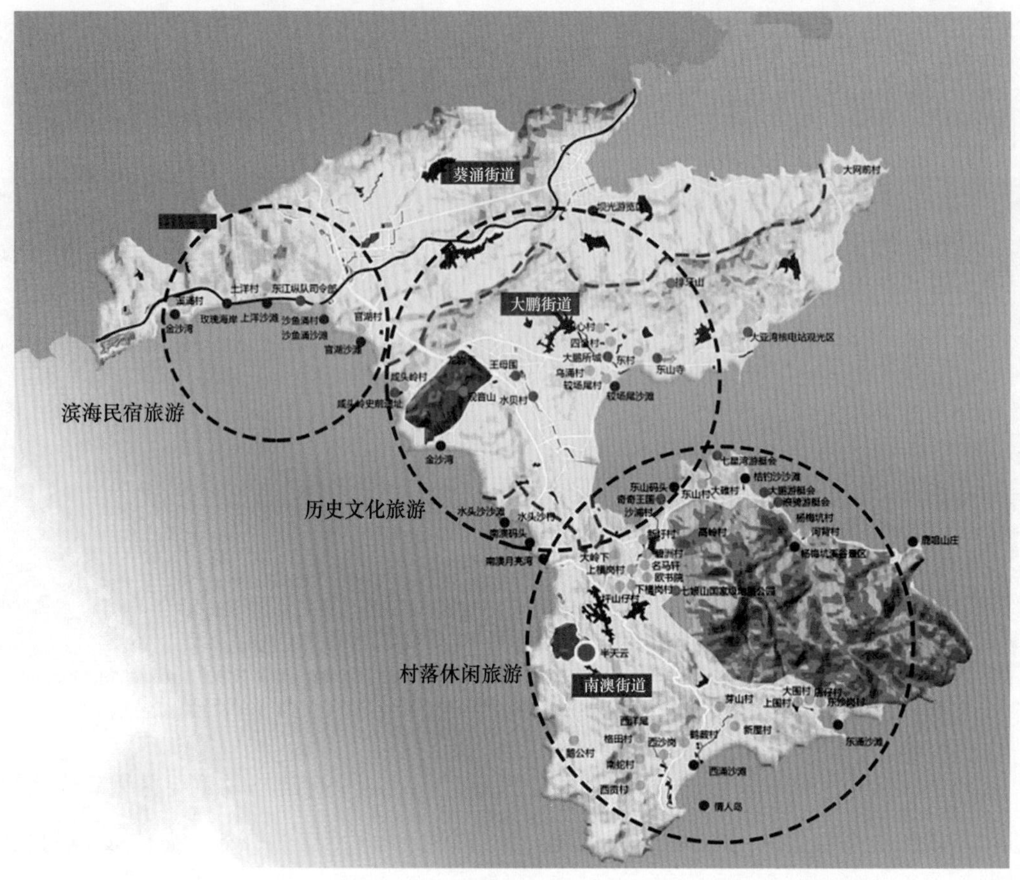


图 5-25　大鹏新区旅游功能分区

## 二、分析乡村

在初步认知乡村的基础上，为更准确地把握村落实际情况，小组成员对半天云村进行了现场踏勘。基于对实地调研资料的整理，小组成员主要从景观生态、建筑风貌、道路交通、基础设施等方面对半天云村进行了深入的现状剖析。

景观生态上，小组成员经调研发现，一方面，半天云村的水资源丰富，水塘与建筑物前的水渠连通形成纵横交错的水网，但整村搬迁后大部分水渠被废弃，水流干涸。另一方面，半天云村周边山林广袤、植被茂密、古木成群，是优质的天然森林氧吧（图 5-26）。半天云村的生态环境禀赋为城市居民提供了康养疗愈和生态休闲的好去处。尤其对深圳市等高密度城市而言，半天云村是周末休闲放松、体验自然的胜地。

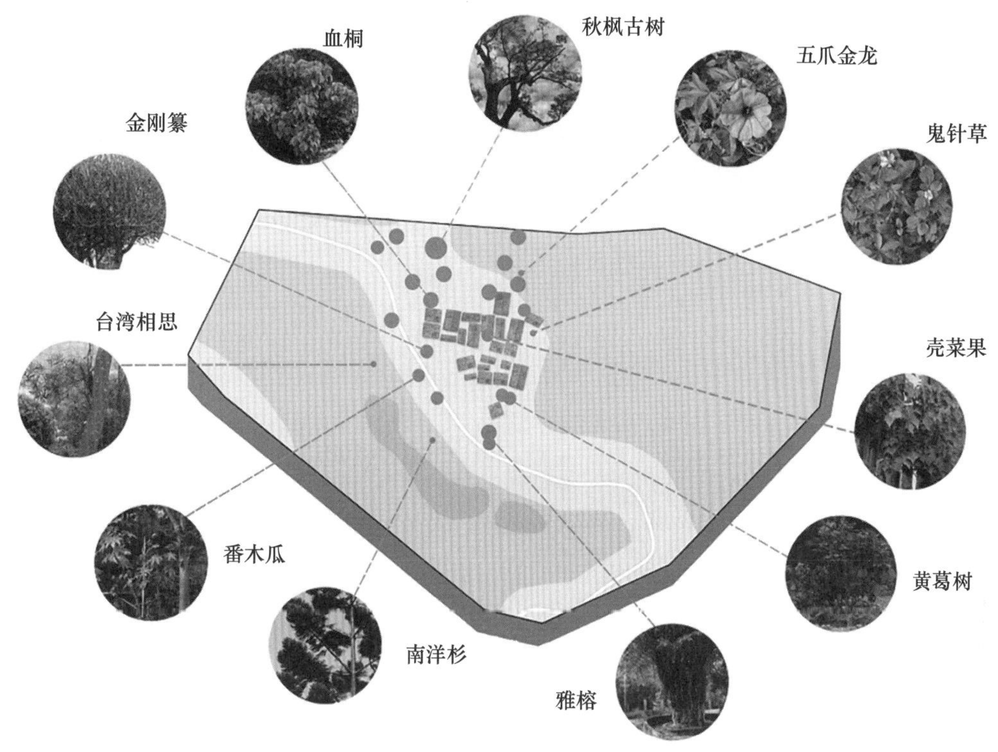


图 5–26 半天云村的主要树种

建筑风貌上，根据对村落现存建筑的现场踏勘，村落中的客家建筑大多采用砖石等传统建筑材料，白墙青瓦，立面点缀着客家石窗等古朴装饰。建筑群的组合排列呈现客家排屋式结构，并结合山体走势，布局较紧凑。村落内现存的传统建筑群展现了客家人民的独特建筑营造技法和民俗文化特色。但经历整村搬迁后，传统建筑多处于空置状态，年久失修，杂草丛生，急需对其进行整治修缮。

道路交通方面，小组成员认为半天云村缺乏便捷的对外交通，对外交通仅通过一条连接南澳湾的盘山公路来实现。村落内部主要以步行为主，步行道多为破旧、开裂的水泥路和石板路，路网连通性差且断头路居多。此外，村落道路维护状况较差，缺乏必要的停车设施和交通指引标识。道路交通设施的落后对半天云村的旅游形象打造产生明显阻碍（图 5-27）。

配套设施方面，由于半天云村已经无人居住，村内几乎没有可用的公共服务设施，原有的少数配套服务设施也在整村搬迁后逐渐废弃。虽然村落不断吸引零星游客短暂到访，但是游客的餐饮、购物、休闲娱乐、如厕、住宿等需求只能在抛狗岭山脚的城市建成区实现。

图 5-27　半天云村内部道路分析

基于半天云村的现状分析成果来看，小组成员基本能够厘清半天云村未来旅游开发的优势、劣势和开发限制，为下一步的规划设计奠定了良好的基础。总体来看，半天云村“山、海、林”形成的优质自然环境，物质空间展现出的浓厚客家风情，是村落旅游开发的优势所在。建筑破败、村落基础设施和配套服务设施缺乏、缺少人气是旅游开发的劣势。生态管控的上位政策要求既是半天云村旅游开发的限制，同时也严格保护了村落的生态环境优势。

## 三、设计立题

该组同学的设计立题紧扣半天云村的生态环境优势，试图挖掘其康养疗愈和生态休闲的功能，打造康养休闲旅游村。为检验该立题的可行性，小组成员采用线上和线下相结合的方式针对深圳市民康养休闲的出行意愿和偏好进行了问卷调查。根据问卷调查结果，小组成员得到以下结论：第一，虽然大部分受访市民对于康养休闲旅游形式了解程度较低，先前的相关旅游经历比较少，但是他们认为康养休闲旅游村具备吸引力，契合追求健康生活的目标；第二，受访市民对康养休闲主题游的需求主要集中在生态环境优美、基础设施和配套服务设施完善、休闲娱乐项目多样、慢生活氛围浓厚等方面；第三，受访市民倾向于在周末或节假日进行康养休闲主题游，理想出行时长约为 2 天到 5 天之间。根据问卷统计结果，小组成员认为康养休闲旅游形式具有巨大开发潜力，半天云村的资源禀赋与市民康养休闲旅游需求高度契合。

基于上述分析，小组成员提出了“半山半海半天云”的旅游开发总体意向。“半山”强调半天云村位于半山腰的特殊地理位置以及宝贵的生态资源，“半海”突出半天云村坐山望海的绝佳景观视野和周边的丰富海洋资源，“半天云”既来自村落名称，也隐喻着半天云村静谧安宁、世外桃源般的客家古村特色（图 5-28）。

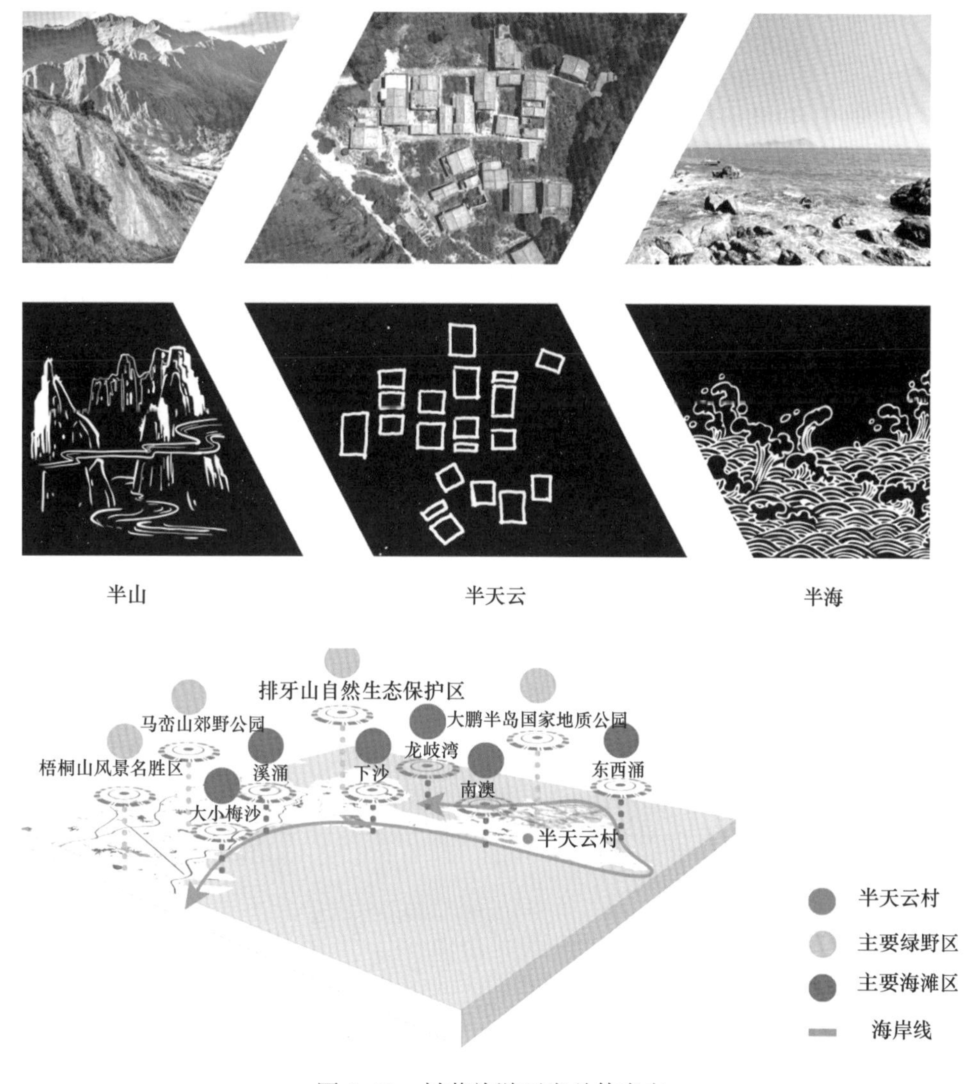


图 5–28　村落旅游开发总体意向

围绕设计立题，小组成员提出了具体的设计策略，主要包括以下几个方面：第一，以生态景观营造赋予沉睡村落新的生机。在保护原生自然环境和村落原真性的前提下，因地制宜地进行景观优化提升，打造高品质休闲空间；第二，深入挖掘村落客家文化底蕴，提取客家传统文化元素，设计具有客家风情的康养景观，打造具有标识度和记忆点的景观符号，植入客家特色旅游活动；第三，打造多元化的康养休闲空间。结合不同年龄段游客群体的需求和偏好，植入度假康养、运动康养、文化康养以及景观康养等多种康养休闲业态（图 5-29）。

度假康养型空间

景观康养型空间

文化康养型空间

运动康养型空间

图 5–29　多元化康养休闲业态示意

## 四、空间叙事

在明确设计立题、提出设计策略后，小组成员对半天云村进行了整体规划设计，重点对其进行了功能重构、景观风貌提升和内部交通优化（图 5-30）。在设计深化方面，小组成员对景观植物配置、照明系统、指引标识系统、公共家具系统等进行了专项设计。以下将从村落整体规划设计和专项设计两个方面解析该小组的规划设计方案。

图 5-30　半天云村规划设计平面

第一，村落整体规划设计层面。村落整体的功能分区充分考虑了康养休闲主题的落实。小组成员根据度假康养、运动康养、文化康养及景观康养等多种康养休闲业态的特点，划分了客家村居体验、森林运动、疗愈花园、山溪露营等康养休闲主题功能区，以及配套规划村口旅游接待综合服务区（图 5-31）。

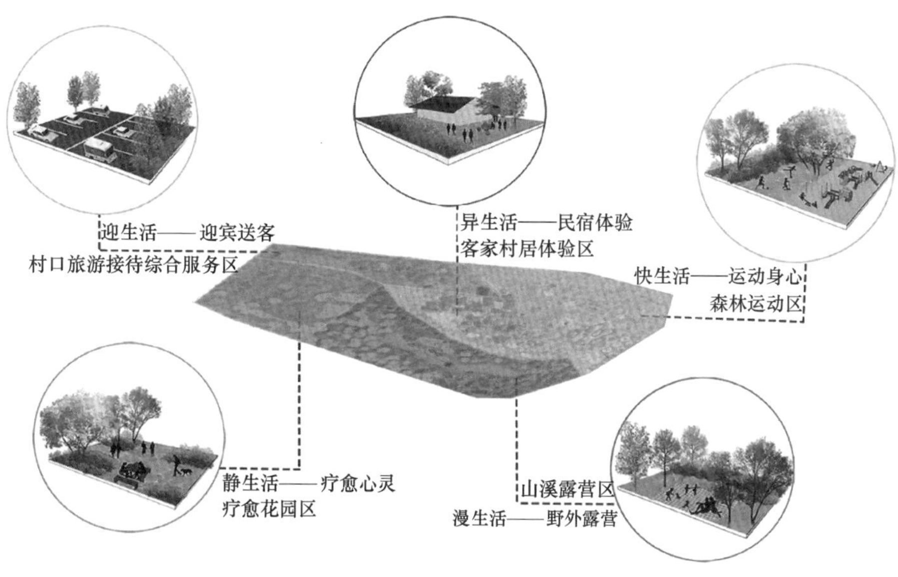


图 5-31　半天云村功能分区

其中，客家村居体验区属于文化康养型空间，也兼具度假康养的功能。该分区设计主要基于场地内古建筑群的修缮和院落空间重构来实现。设计过程中，小组成员考虑重塑客家古村落的传统风貌，结合客家地域文化特色打造“山林村居、世外桃源”的康养村居体验（图 5-32）。遵循“修旧如旧”的原则，根据建筑质量分级来确定传统建筑保护和修缮的具体措施，在不破坏房屋结构的情况下尝试进行建筑功能置换，引入了民宿、餐饮、文创商店、休闲书吧等商业业态，回应了游客食宿、购物、休闲娱乐等基本需求。

图 5–32　客家村居体验区局部效果

此外，小组成员还针对建筑群落间的公共开放空间进行了统筹设计，从地面铺装硬化、景观小品设置、植物种植等方面综合考虑了院落空间和巷道空间环境氛围营造。针对建筑周边的场地设计提出了“屋 +N”的设计策略，不仅思考民居建筑与周边古树、水体、农田等自然要素的有机组合，而且思考民居建筑单体之间公共空间的围合（图 5-33）。

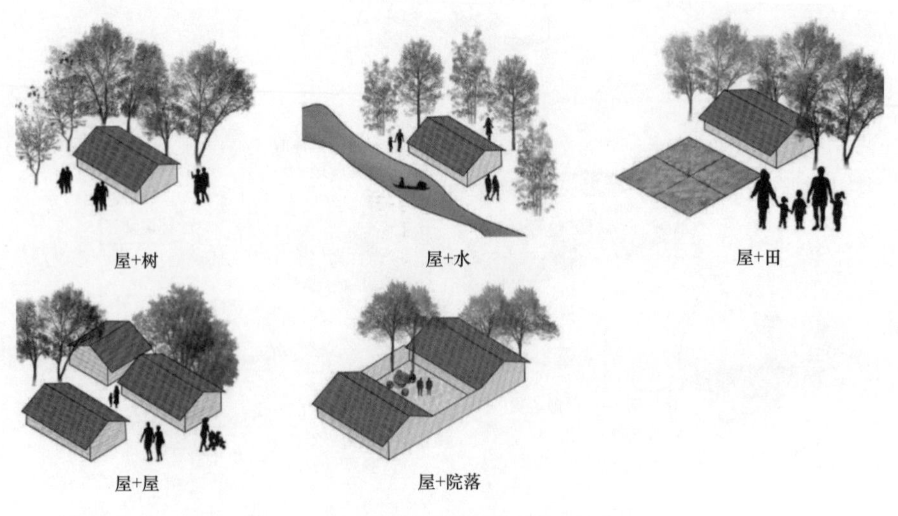


图 5–33　建筑周边场地环境营造方式

森林运动区位于传统建筑群东侧的森林密布区域，主要契合运动康养的主题。在具体设计过程中，小组成员结合地形起伏和树木分布，设置多样化的运动场地和运动设施。该分区主要设置的运动康养项目包括森林漫步、篮球、滑板、速降栈道、山间乐园等（图 5-34），覆盖各个年龄段的需求。这些运动康养场所隐匿于密林之间，在游客运动健身的同时，提供亲近自然、遮光蔽日、呼吸新鲜空气、释放生活压力、改善亚健康状态的功能。

图 5–34　森林运动区局部效果

疗愈花园区位于场地西南侧，属于景观康养型空间，主要通过植物疗愈型景观塑造和休憩设施布置来满足高压力、亚健康状态人群的修复和疗愈需求，整体氛围营造静谧舒适，贴近自然。小组成员充分考虑静养疗愈型空间特点，没有在该区域布置过多的活动场所和娱乐设施，而是重点关注慢行步道、景观节点以及休憩设施的衔接，利用连廊、坐亭与木质平台等造景元素将各个景观节点串联，使游客在观景的同时可以暂时忘记喧嚣、放松身心（图 5-35）。此外，小组成员试图在植物配置方面挖掘疗愈功效，在花种搭配及其空间布置方面考虑色、香、味的综合设计，从而为游客提供视觉、嗅觉、味觉全方位的疗愈感官体验。

图 5–35　疗愈花园区局部效果

山溪露营区位于场地南侧，亦为景观康养型空间。与疗愈花园区景观元素不同，该区疗愈型景观设计主要依托山溪水景，借助场地内现有的山溪汇水打造亲水型景观。小组成员在场地内原来水塘的基础上进行了景观改造。一方面，通过多层次的水生植物配置塑造了生态驳岸。此外，还在岸边规划了大面积桃树林，试图营造“十里桃林、落花漂水”的浪漫景观效果。另一方面，通过水岸亲水平台的设置，为游客提供亲水露营的场所（图 5-36）；通过木栈道的设计，将游客活动延伸到水面空间。

图 5–36　山溪露营区局部效果

村口旅游接待综合服务区位于场地西北侧村口处，紧邻对外车行道，布置有停车场、游客服务中心、集散广场、入口村标等。该区不仅承担旅游综合服务职能，还承担村落入口形象展示的功能。为提振村落旅游形象，使游客进入村落伊始便感受到半天云村的独特康养氛围，小组成员在该区设置了彩田花海大地景观，通过综合考虑不同季候的植物配置，形成极具记忆点的入口意象（图 5-37）。需要说明的是，该区内需要新建游客服务中心，在建筑形制上模拟客家民居形象，严格控制建筑体量和规模，功能布局采用集约化模式，尽可能减少村落的新增建筑面积。

图 5–37　村口旅游接待综合服务区局部效果

在村落道路交通条件整体优化方面，小组成员依据上述规划分区的空间布局特点，对村落道路系统进行重新规划组织和梳理。一方面，由于在基本生态控制线内新增车行道对环境影响较大，因此村落对外交通仍旧依托现状车行道。由于该车行道从村落中间贯穿全域，割裂作用比较显著，小组成员将其过境路段进行景观提升，优化为景观道。另一方面，除了仅有的车行道，村落内部实行全域慢行交通，以步行道为主，局部辅以慢速观光车道，在保证村落内部交通便利的同时，形成与康养休闲相呼应的“慢节奏”交通模式。

第二，专项设计层面。规划设计方案中应用了大面积的疗愈性植物造景，因此植物配置的专项设计效果很大程度上影响着村落康养主题的落实。小组成员在最大程度保留场地原生植物的基础上，考虑场地内植物搭配的生态性、季节性、文化性和感官体验多样性，根据不同的康养休闲分区将乔木、灌木、竹类、藤本类植物进行合理搭配，形成层次丰富、随季节变化的生态型疗愈景观（图 5-38）。在标识系统设计方面，设计了游客导览标识、交通引导标识、警示标识，并主张采用低调朴素的木料作为标识制作材料，以保证指引标识与周边生态、自然环境的和谐，同时宣传生态环保理念

（图 5-39）。在村落亮化照明设计方面，规划方案提取多元化的客家民居装饰元素来设计照明灯具，并根据不同康养休闲分区的规模和环境氛围规划灯具数量和类型。在公共家具设计方面，小组成员也试图跨专业尝试座椅的设计，主要选用木、石、竹等制作材料，以舒适和朴实为原则，让游客使用的同时感受到半天云村亲近自然、安宁闲适的康养氛围。

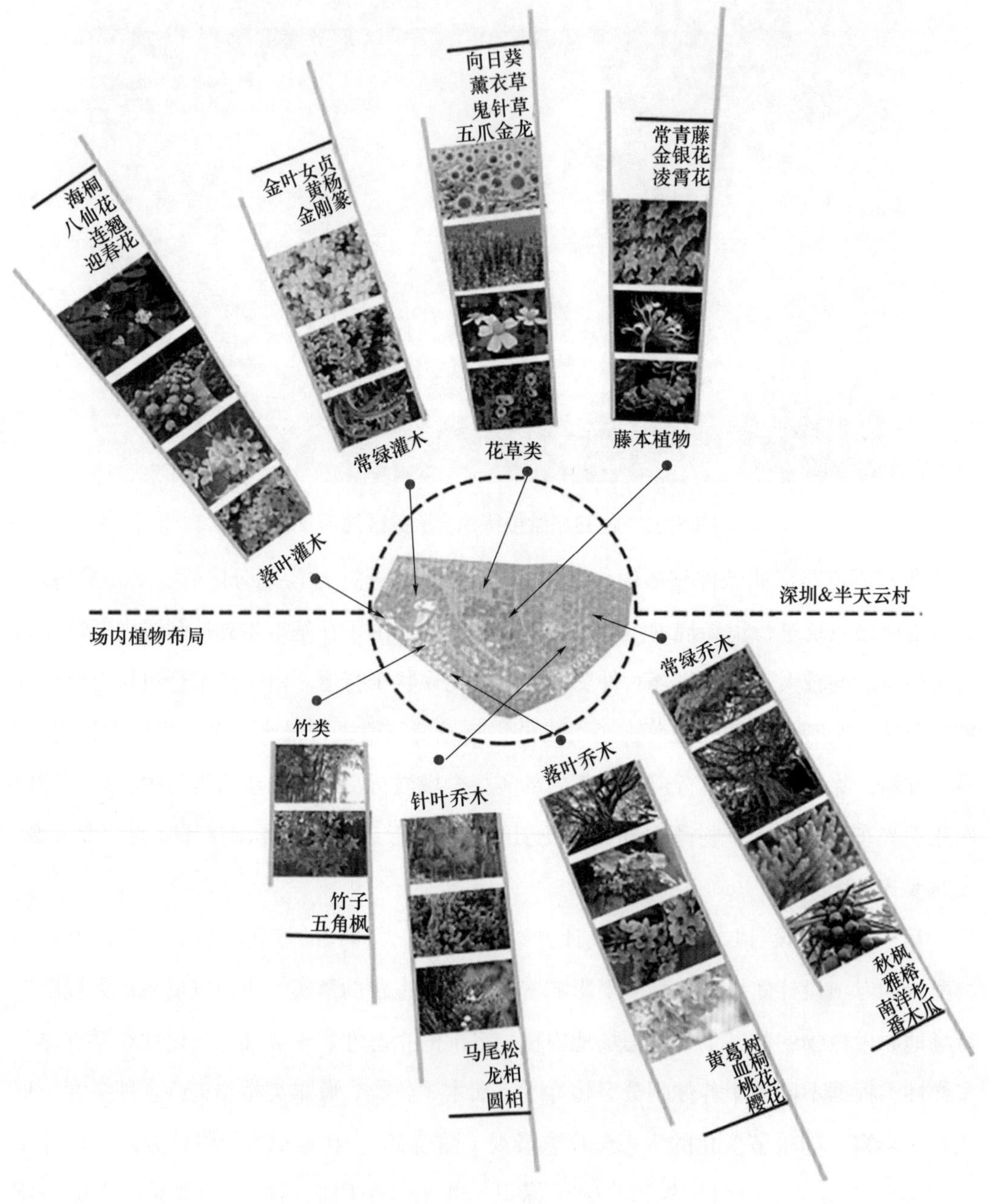


图 5-38　疗愈性植物选型

图 5-39　标识设计效果示例

## 五、方案简评

小组成员能够准确把握半天云村进行旅游开发的优势、劣势和限制，因地制宜地提出了康养休闲旅游村的设计立题，并通过客源市场问卷调研的方式验证了康养休闲定位的可行性，从而制定了较为清晰的规划设计总体策略。在村落整体空间布局方面，小组成员能够紧扣康养休闲主题，试图植入不同类别康养休闲活动，整体构思清晰、逻辑完善。此外，小组成员对于场所小环境的营造也有一定思考，并能够熟练掌握效果图绘制技法，图纸表现比较有感染力。同时，本组方案的不足主要体现在以下方面：首先，本方案对客家传统文化的保护和传承仅仅局限于建筑风貌修缮、标识设计等细微方面，建议更深入挖掘客家传统文化内涵，将其更生动地体现在半天云村的旅游活动策划和场所营造中；其次，规划方案总体上形成五大分区的空间结构，但不同分区之间的空间联系较薄弱，且设计手法也更偏向于城市公园设计，较少兼顾乡村属性；最后，设计方案对于康养休闲主题的表现深度不够，康养休闲活动的策划和空间植入还需进一步丰富。尤其是，该方案在建筑功能置换、旅游服务设施的空间布局、疗愈性植物景观营造方面，仅仅提出了概念性的原则和简单做法，并没有深化到具体的操作方案中。

设计小组成员：韦芳靖、楚喻丝、陈璐

设计指导教师：孙瑶

# 第六章　历史村落活化型乡村规划设计

## 第一节　DNA 生长智链牵引下的活态生长智慧社区：广东省深圳市宝安区福永街道凤凰古村规划设计

### 一、认知乡村

凤凰古村位于深圳市宝安区福永街道，东靠凤凰山，南毗空港新城，西邻深圳会展中心和立新湖公园，北接福永的工业园区，规划范围内面积约 30 公顷（图 6-1）。该村原称岭下村，兴起于元，盛于明清，是一座有着 700 多年历史的古村落。抗元失败后，文天祥侄孙文应麟带族人避居凤凰山下，在山中筑凤岩古庙和望烟楼，并改村名为“凤凰”。至明清，随着文氏族人开枝散叶，村落规模不断扩大；崇文重教成为当地的精神内核，形成“笔为塔、河为墨、田为纸”的村落景观格局。

图 6–1　凤凰古村的地理区位与交通条件

至今，村内散布有祠堂、私塾、书室、民居、古井等百余处历史文化遗存，其中凤凰文昌塔为深圳市级文物保护单位（图 6-2）。古村拥有深圳不可多得且保存相对完整的广府历史古建筑群落，承载着文氏一脉的文化记忆和浓厚的爱国主义情怀，成为特区人宝贵的精神家园。2020 年 3 月凤凰古村被列入深圳市历史风貌区保护名录，划定核心保护范围约 4.35 公顷。

图 6–2 凤凰古村的历史文化遗存，包括凤凰文昌塔（左上）、书室（右上）、宗祠（左下）和家祠（右下）

改革开放后，凤凰村和深圳其他村庄一样，迎来了经济发展的高潮。凤凰村离深圳市中心较近，又处于广深发展走廊，城市扩张和产业开发成为当地发展的主旋律，河流湖塘被填埋，自然农地开发殆尽，大部分村集体用地已转为城市建设用地。1986 年凤凰古村合作公司成立，原村民获得新的宅基地，陆续搬离老屋兴建新的村宅；广深公路（107 国道）和广深高速的建设切断了古村和周边环境的原有联系；随着大量外来人口的到来，村民进一步改建、加高新村宅用作出租，将古村团团围住。至此，凤凰村已经沦为了一个普通的城中村。以 2014 年第十届文博会为契机，政府和村集体着手对凤凰古村进行局部更新和修缮改造，试图通过引入艺术家工作室、品牌包装和文旅开发打开新局面，但限于种种原因并未取得持续性发展。

总体来看，虽然该村拥有相对不错的本底条件，但场地破碎割裂、密集嘈杂、组织混乱，无法将古村文化展示出来影响更多市民，也无法适应新兴的城市需求。与以往的乡村规划设计不同，该组成员需要面临难度不小的全新挑战，即在一个高密度城市边缘区的语境下，螺蛳壳里做道场，重塑凤凰村与历史文脉及自然环境的关系，并平衡老村民、城中村居民、深圳市民和外来游客的多元化诉求。除了古村以外，设计范围还包括临近的部分凤凰新村和工业园区。

## 二、分析乡村

在以上初步认知的基础上，指导教师引导小组成员从自然、文化和城市三个相互关联的视角，进一步深化对于凤凰古村的分析，总结出其中的核心要素和关键问题。这些分析工作将成为本题设计构思的重要来源。从自然景观角度来看，时至今日虽然遭到一定程度的破坏导致未成体系，但古村的自然基质和景观资源仍然存在，具有调整改善的空间；古村傍山而建，东高西低，从凤岩古庙的眺望视角考虑，需要对古村内部的若干重要节点进行风貌控制和重点设计（图 6-3）。从历史文化角度来看，受惠于政府部

图 6-3　从景观视线角度对古村展开的分析

门完善的保护体系，包括凤凰文昌塔、文氏宗祠和茅山公家塾等在内的重要历史建筑，都得到了较好的保护和维护，能够成为未来的设计激活点；梳式排布的广府古民居群目

前完成了清退腾空和初步修缮，保存相对完整，但需要植入新的功能，并需要通过设计手法将其从背向城市空间转变为面向城市空间；古村内部的公共空间目前缺少梳理，使用率低下，有部分荒弃空间具有重新利用潜力（图 6-4）。从城市生活角度来看，交通方面，古村现有的环村路机非混行，交通组织混乱，占道经营和停车的现象普遍，也没有适应新生活方式和新交通需求的空间，需要进行补足；城市功能方面，古村、城中村和工业区三大特征地块均有各自的改造需求，需要促成其转型（图 6-5）。

图 6-4　从历史文化角度对古村展开的分析

图 6-5　从城市生活角度对古村展开的分析

通过归纳总结，小组成员认为凤凰古村的关键问题包括：①发展没落失联，具体表现在场地内外联系弱、资源优势未能有效利用、交通组织混乱；②文化失语断层，具体表现在文化资源独立封闭且资源整合不够，公共空间和古树古井要素利用不足，缺少展示与体验历史文化的特色空间载体；③功能破碎单一，具体表现在公共空间设施简陋且环境质量差，公共属性用地偏少且建筑密集杂乱，商业业态单一且缺少特色符号。将核心要素和关键问题联系起来，凤凰古村的破局之道在于激活自然、历史和城市，将丰富的周边自然山水资源、自身历史文化底蕴和区域城市生活资源恰如其分地捏合到一起，形成一个整体统一的设计思路（图 6-6）。带着这些有益的思考，小组成员进入了设计立题阶段。

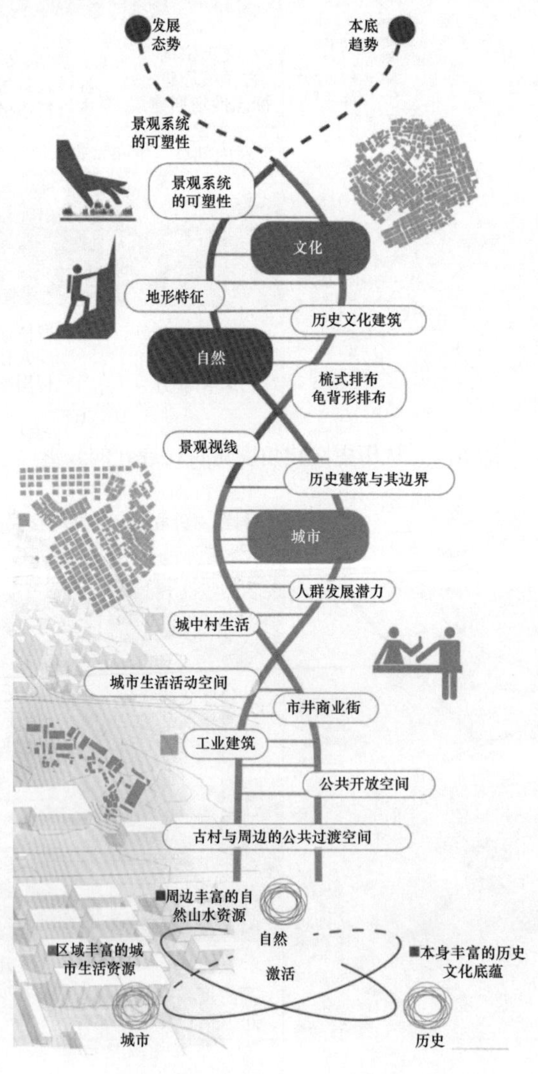


图 6-6　凤凰古村本底资源与发展态势核心要素提炼

## 三、设计立题

结合发展态势、本底优势和场地问题，小组成员认为凤凰古村不能再养在深闺无人知，也不能仅仅满足成为历史文化博物馆或是艺术家等小众群体的工作室和游乐场，而应该主动拥抱新进人群、适应新兴需求、营造新空间，推动和维持其活态生长；同时，在深圳大都市区建设智慧家园需求的牵引下，小组成员在进一步考虑了人与自然的关系、基础设施、历史文脉、社会治理等影响因素后，决定引入都市基因复制和增长的模型，形成“DNA 生长智链”的设计主题。具体而言，将凤凰古村作为城市和自然之间的耦合点，以古村文化为基底连通城市生活和自然生活两种方式，塑造生态、人文和可持续的智慧空间。通过大节点设计，向外打开基地，实现对外联系，以 DNA 主链联系不同功能区块；通过“催化酶”实现古村与基地内其他功能区的联系对接；以构建“氢键”激活点状灰空间，实现轴带上功能的自由切换（图 6 7）。

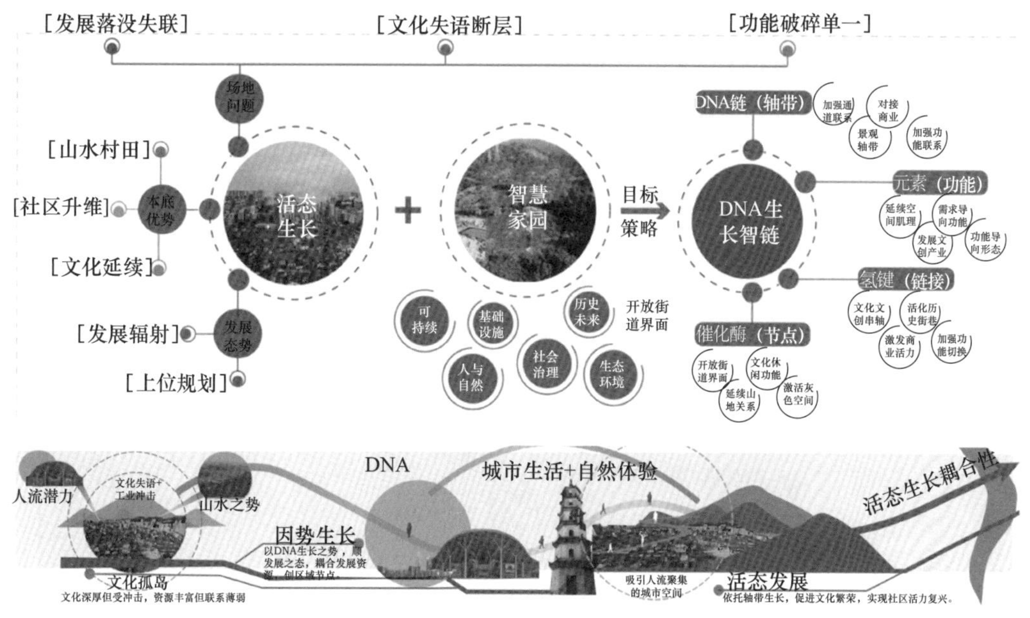


图 6–7　“DNA 生长智链”主题的形成过程

经过头脑风暴、案例学习和指导教师咨询，小组成员提出串主链、激节点、组元素和连氢键四个环环相扣的具体步骤，最终形成设计策略大纲图。其中，串主链设置了两条 DNA 链条分别对接城市生活区和自然景观区，在文昌塔和民宿区交汇，并把古村包裹起来；激节点通过设置关键性的公共空间节点，激发低利用地的潜力，模糊古村和周边环境的隔阂，增加古村的可进入性，达到引人入村观赏游览的目的；组元素旨在重组周边功能和景观要素，加强联系，丰富游赏体验；连氢键主要针对古村核心保护区而言，通过针灸式地植入历史主题线路激活各点状空间，同时也需要改善城中村商业街的风貌。在确立了四大步骤后，指导教师引导小组成员绘制了设计大纲图，通过主题诠释和空间策略落实统领下一阶段的空间叙事表达（图 6-8）。

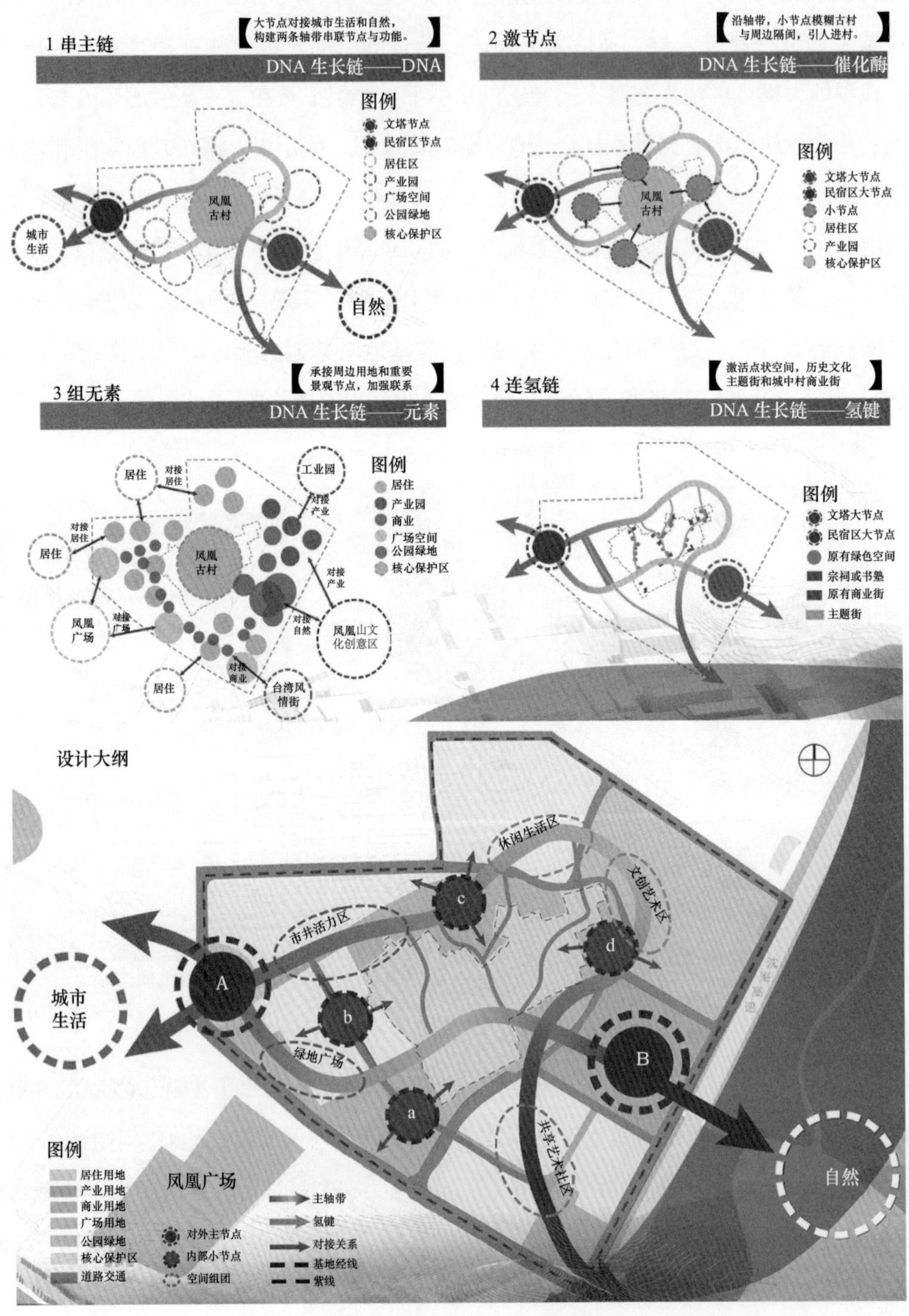


图 6-8　分四步走的空间设计策略及设计大纲

## 四、空间叙事

串主链的空间设计手法主要有两种。其一，界面开放共享。方案一方面试图打开场地面向凤凰山、台湾美食街一侧以及凤凰广场、立新湖一侧的界面，另一方面也希望场地内部的古村内外能够有更多的联系，为此设置了文昌塔广场、古村入口广场及游客中心、公寓广场、民宿广场和绿地广场等。其中前两者属于改建，后三者属于新建。这些广场的引入有望改变古村被城中村锁闭在内的局面，增强了其对外展示和对外交流的机会。其二，设立古村骑行道。由于凤凰古村基地东西两侧的凤凰山山麓和立新湖湖畔各有已经成型的骑行道，所以设计很自然地考虑将两侧骑行道连通起来，并在古村周围设立骑行环道以充分激发其活力潜力。从某种意义上而言，骑行道成为构成 DNA 链条最有显示度的设计语言。在骑行道的设计处理上，小组成员综合考虑了沿道路敷设、穿过城中村和公共设施、与商业街并行和与绿地结合等不同形式，并做了细致的设计（图 6-9）。

图 6–9 西南—东北鸟瞰视角下的凤凰古村设计方案

激节点在于以一系列公共空间的深化设计为媒介，进一步促成古村内外的互联互通。在指导教师的启发下，小组成员选择了具有代表性的场景进行重点设计。这些节点在打造活态生长社区的过程中发挥了类似于催化酶的作用。例如，文塔广场（A1）以古塔为核心，作为对接基地和外部都市生活的重要玄关口，通过景观重置使其变得更富有吸引力，让古村更容易被看到；民俗聚场（A3）在古村北部设置一个次级入口分担主入口的压力，改建紫线外的原有建筑，增加观景平台，并通过文创艺术功能的植入增强趣味性，有助于形成一个人群聚集点；艺术民宿区（A6）利用现有坡度，通过拾级而上的层次化景观效果使场地呈现出向外打开的趋势，尽端以天桥跨越高速公路以加强与凤凰山公园的联系；古村广场（A8）通过新建复合型的游客社区中心，提供公众以便利的同时，促进各类群体之间的交流沟通，也能够成为新兴活动的展示场所（图 6-10）。

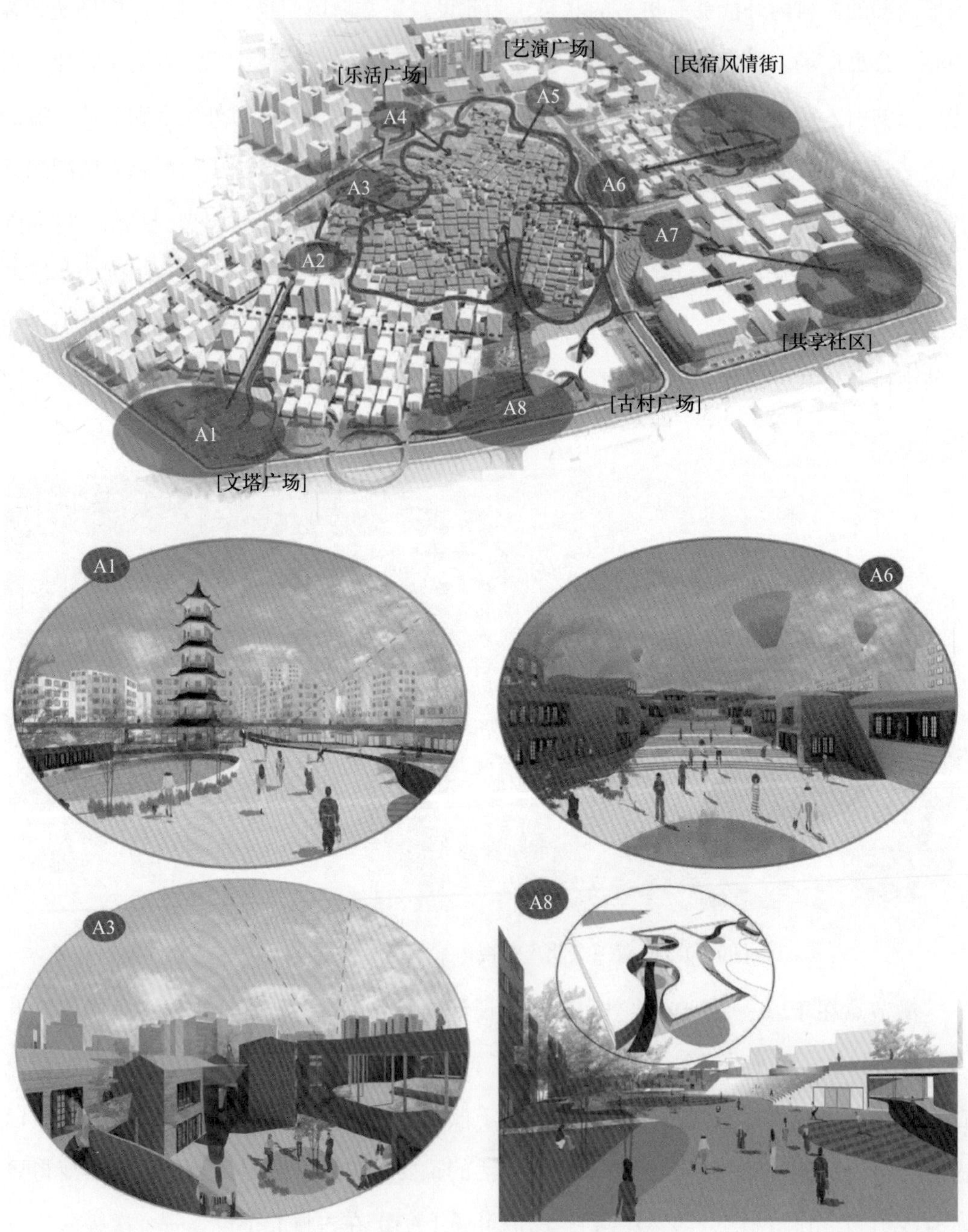


图 6–10　激节点中的场景选择和空间表达举例

组元素主要处理的是不同功能板块的建筑空间和古村之间的关系。小组成员基于相对扎实的研究分析，探讨了城中村、民宿空间、公寓空间和文创产业园的新建和改建方案。这其中既需要考虑各类人群的工作和生活需求，也需要平衡体量关系和景观视线通廊上的具体要求。连氢键通过触及规划设计方案的核心，即凤凰古村，塑造智慧的古村街巷空间。由于处于城市紫线划定范围内的古村建筑不能进行拆改，小组把重心放在如何呼应规划主轴串联氢键上，并利用腾挪古村内部现有巷道和边角空地，进行主题化的微改造和微更新。在此基础上，小组成员进一步优化古村的功能发展策略，提出以建筑功能置换推动多样化人文改造、以智慧科技互动手段促进实时场景互动、以建筑功能布局微调提供个性化餐饮服务。这些策略在最小影响下，较为有效地激发了古村活力（图 6-11）。

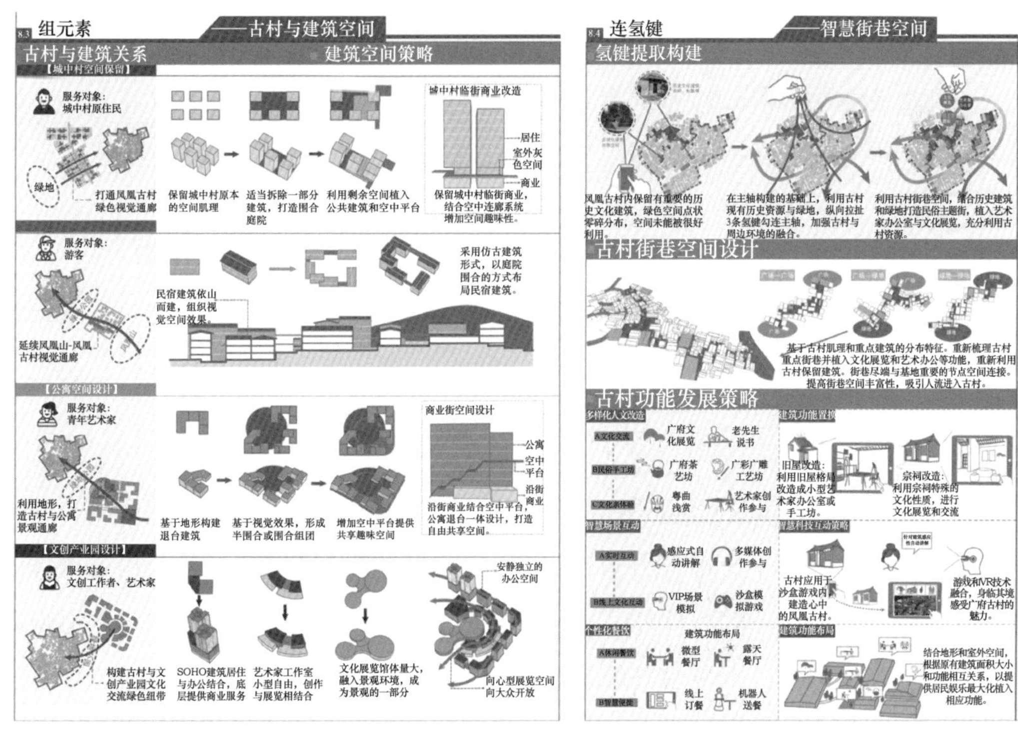


图 6-11 组元素和连氢键：处理古村内外的建筑和街巷空间

## 五、方案简评

因本案例基地在以下两个方面的特殊性，其规划设计难度颇大。其一，凤凰村的核心地带是具有历史保护要求的古村，这意味着规划设计的重心需要放在古村外，由外而内地激发社区活态；其二，凤凰村是一个被高密度城市建成环境包裹的城中村落，这需要特殊的设计智慧平衡各利益相关方的诉求矛盾和用地冲突。本方案以激活自然、历史和城市之间的联系为总目标，打造活态生长的智慧社区为主题，借用 DNA 的结构和工作原理，对凤凰古村进行了整体性的策划和针灸式的设计。从呈现出来的结果看，该小组的处理还是比较成功的：场地分析到位，能够恰到好处地提炼总结出痛点，特别是能够从较大的研究区域看待城市和自然割裂的问题；设计概念新颖大胆，但又紧贴时代需求；分四步走的空间设计策略能够很好地契合主题，也展示了丰富多元的设计手法。尽管如此，该方案仍有一些需要提高的地方：设计方案对于智慧社区缺乏相应的立论基础，在表达诠释上也着墨不多；过于拘泥于圆形的空间形式语言，这可能影响到使用者体验，也难以与古村风貌相协调；对于休闲生活区、文创艺术区和共享艺术社区的差异化建筑及空间形态的推敲仍显不足，影响了设计深度，并导致图面缺少应有的层次感。

设计小组成员：邓琦琦、赵子怡

设计指导教师：邵亦文、黄大田、刘倩

## 第二节　感今惟昔、故居新生：广东省中山市南朗镇翠亨村规划设计

### 一、认知乡村

翠亨村位于中山市东南部，为南朗镇下辖行政村，是中国革命先行者孙中山先生的故乡（图 6-12）。该村东临珠江口伶仃洋，与珠海市淇澳岛隔海相望，南连珠海市金鼎镇，西靠五桂山，东北与崖口村相邻。根据 2014 年的人口统计数据，全村总户数 1439 户，人口 3916 人。翠亨村是著名的侨乡，有海外华侨 593 人，港澳同胞 2351 人。翠亨村作为孙中山先生的故乡，于 1956 年在村内建立孙中山故居纪念馆，并在 2007 年 5 月被建设部、国家文物局认定为第三批中国历史文化名村。

翠亨村的空间演变主要经历了两个阶段，即古村阶段、古村与新村并存阶段（图 6-13）。在古村阶段，翠亨村呈现出典型的传统农村聚落的空间形象。出于自卫和防御的目的，民居建筑集聚于村落四周围墙之内，村落围墙外边则是大面积的耕地，耕地上开辟出稀疏的田间垄道作交通用途。在古村与新村并存阶段，古村的围墙被拆除，古村内的传统建筑保存较完整，且建筑规模变化不大。为了安置村落新增人口和古村外迁人口，在古村的西北部和东北部规划了两片翠亨新村的宅基地。同时，出于产业发展的目

的，部分村民将耕地改造成鱼塘，用来养殖水产。随着建筑数量的增多和鱼塘的开辟，村落的耕地面积不断萎缩。

图 6–12　翠亨村现状鸟瞰[2]

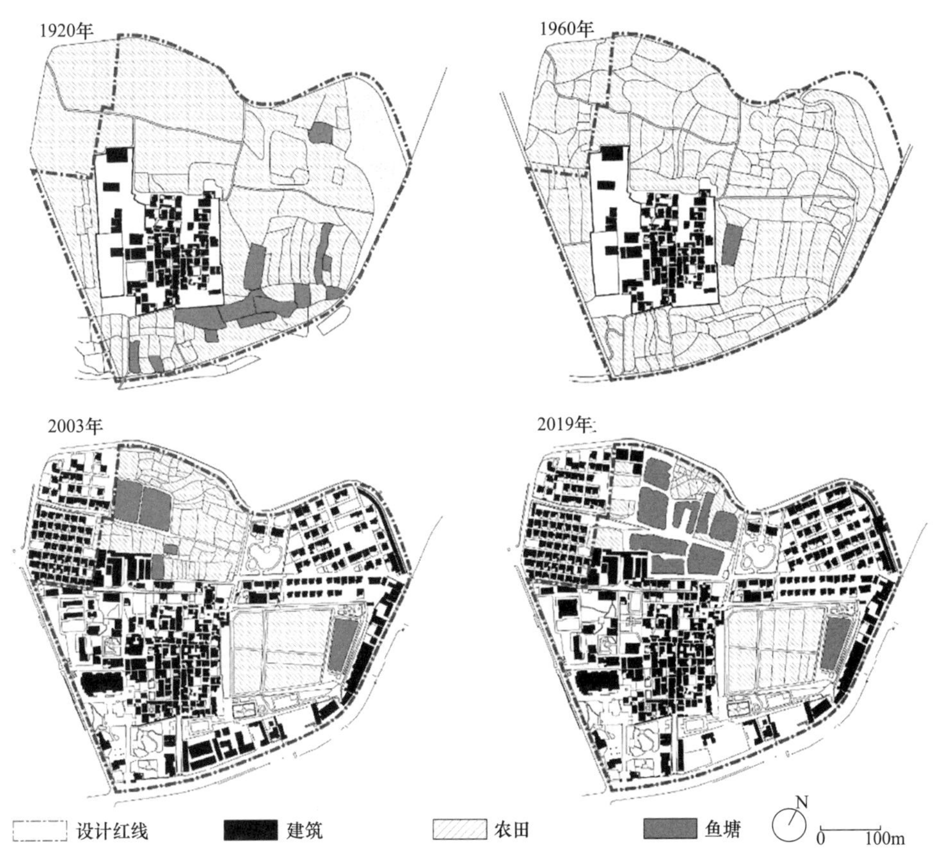


图 6–13　翠亨村建筑空间和景观格局演变

2　图片来源：https：//720yun.com/t/8db2bmz8x1f？ scene_id=532145

翠亨村的文化特色主要体现在伟人文化和侨乡特色。翠亨村人杰地灵、人才辈出，孕育了很多历史文化名人。除孙中山先生外，杨殷、陆皓东等革命伟人均生于此、长于此，翠亨村承载着他们宝贵的青少年时光。伟人故居保留至今，并作为爱国主义教育基地和历史文化名胜吸引着成千上万的游客。翠亨村作为典型的华侨村，村内的民居建筑呈现出明显的侨乡特色，具备一定的历史文化价值。除了中国传统岭南民居风格外，村落建筑也吸纳了很多西方建筑元素，形成融合中西特色的折中主义风格，如孙中山故居的建筑外观就是典型的外洋内中、中西合璧的风格（图 6-14）。

图 6–14　孙中山故居的中西合璧（左）与传统岭南民居风貌（右）[3]

目前，翠亨村的村落保护与旅游开发主要针对翠亨古村部分，将古村范围内的原住村民整体迁出，用围墙圈定景区的管辖范围，将景区范围内的民居建筑以回购形式进行统一规划和开发，并成立故居管委会进行封闭式管理。故居管委会负责对翠亨古村的旅游资源和历史文化遗产进行统筹管理，维护古村的物质空间环境，对古村民居建筑进行整体修缮并考虑植入旅游服务或展示功能。迁出的村民少部分在附近的翠亨新村定居，大部分则在粤港澳大湾区城市群或海外发展。

## 二、分析乡村

小组成员在指导教师的带领下，曾多次前往翠亨村进行实地调研。首先，我们以游客的身份游览翠亨村并分析其旅游服务供给。其次，我们以规划设计师的身份认知翠亨村，主要分析其空间形态特征及其背后的场所精神，以及面临的主要问题和发展瓶颈。

翠亨村的旅游服务供给主要局限在以古村为依托的景区范围内，与周边翠亨新村

3　图片来源：https：//www.sohu.com/a/312468635_120147499；http：//k.sina.com.cn/

的联动性较差，出现了景区内部和外部风貌割裂、交通连通性差等问题。景区内部进行了统一的建筑修缮和公共环境提升。其中，孙中山故居作为全国重点文物保护单位，其建筑立面、内部陈设和院落景观均受到精心维护。然而，景区外部环境风貌的协同性很差，翠亨新村周边的公共空间被居民占用，用来饲养家禽和种植蔬菜，堆放生活物品，严重影响了翠亨村整体的景观风貌。因此，翠亨村景区内外的风貌协调和统筹规划将是此次规划设计的重点之一。

翠亨村规划设计的另一个重点是如何用合适的空间设计手法来表达伟人故里的场所精神，这也是本次规划设计的难点所在。翠亨村能够名冠中外，是因为这片土地孕育了孙中山先生“所谈者莫不为革命之言论，所怀者莫不为革命之思想”的“医国之志”，见证了他的诞生和青少年时期的成长。然而，现状的翠亨村无法通过物质空间来讲述伟人故事，村落空间中发生的伟人轶事只能通过导游口口相传的方式来机械灌输。因此，如何发挥翠亨村被赋予的历史使命，如何营造伟人故里的场所精神，对于弘扬孙中山先生的报国之志与启发后辈不断进取具有重要价值。鉴于此，指导教师引导小组成员对翠亨村场所精神要素进行提炼和再表达。

翠亨村场所精神的再现需要借助于典型节点空间的故事叙述以及故事线路的打造。换言之，典型的节点空间及其与中山先生相关的故事，共同构成了村落的场所精神要素。对典型伟人轶事的提炼主要通过以下两种方式：第一，查阅翠亨村的历史典籍和孙中山先生的生平记事；第二，记录村落长者口口相传的故事和史实。通过这两种方式，小组成员共提炼出八个典型故事，它们对应着翠亨村八个重要的物质空间节点，共同承载着中山先生在不同年龄段的成长记忆（图 6-15）。

第一，位于翠亨村西南角的孙中山故居，是孙中山亲自主持修建的，记录了孙中山生活的点滴。该场所的物质空间要素包含了一栋居住建筑及其附属的庭院。居住建筑占地约 500 平方米，其中庭院西侧，内有一株茂盛的酸子树和一口水井，酸子树是孙中山从檀香山带回来亲手栽种的，水井是其儿时祖屋的旧址。

第二，位于孙中山故居东边的邻家豆腐坊，是“石头仔”故事的发生场所，体现了孙中山敢于反抗、见义勇为的精神。豆腐坊门朝东面，空间较为狭窄，堂屋与卧室相连接，摆放着石磨、八仙桌、账台等工具。据记载，孙中山 8 岁那年，豆腐坊家的两个孩子经常欺负邻里孩童，孙中山为教训他们用石头砸坏豆腐锅。

第三，和兴街是孙中山聆听村里长者讲述历史故事的场所，对他反封建思想的形成具有深远影响。和兴街是翠亨村内部主要的生活性街道，长约 120 米，南北走向，与

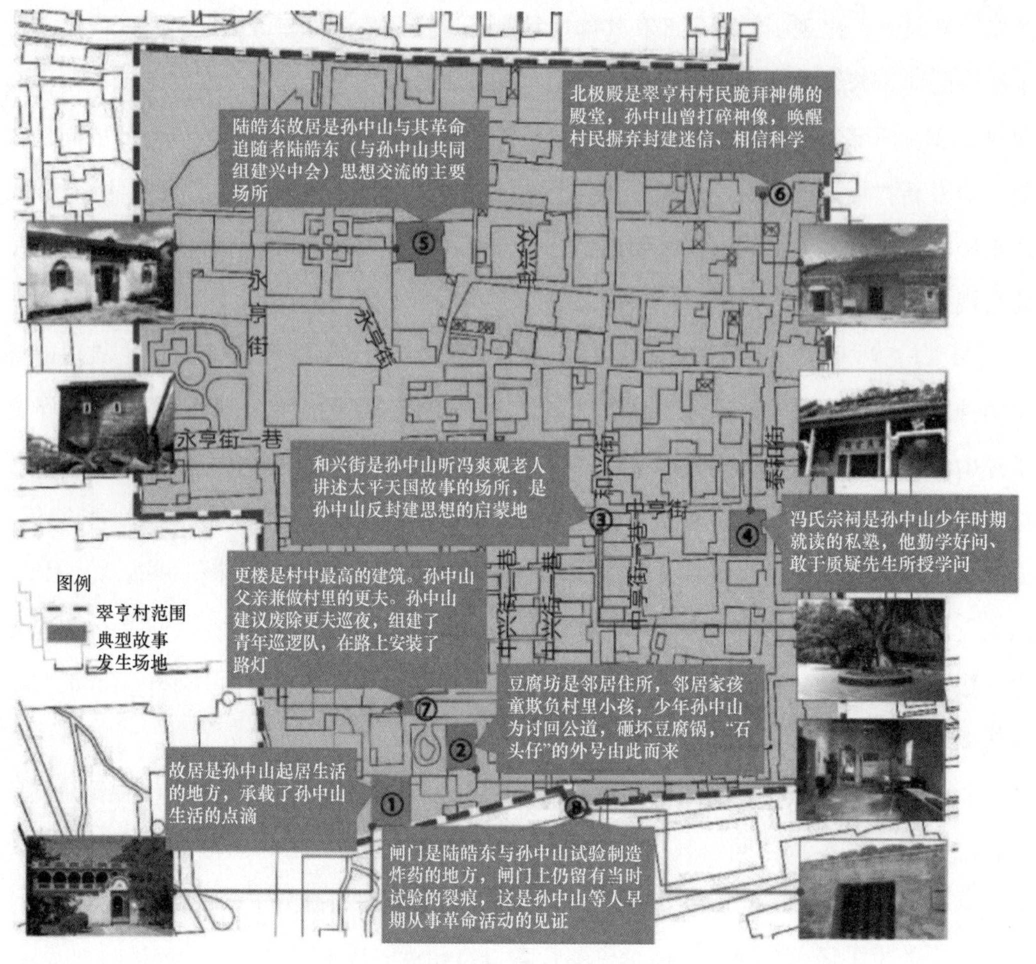


图 6–15　翠亨村空间节点故事记录

东西走向的中亨街共同组成了村落路网的十字形骨架，村落的主要建筑有序地围绕在道路两侧。

第四，冯氏宗祠是孙中山少年阶段读书求学的场所。该宗祠位于翠亨村东部，占地面积约 120 平方米，是两进四间式的建筑形制，采用了硬山式砖木穿斗抬梁混合结构，曾经是冯氏家祠，后来功能置换为村塾。据记载，在此读书期间，孙中山表现出敢于质疑的批判思想。他质疑先生死记硬背的教学方法，认为学就要通辞达意。

第五，陆皓东故居是孙中山与其好友陆皓东进行革命思想交流的重要场所。陆皓东故居位于翠亨村中北部，总占地面积约 446 平方米，采用当地传统的两进三开间砖木结构。

第六，北极殿是孙中山公开向封建迷信宣战的场所，体现了他崇尚科学、尊重生命的精神。北极殿位于翠亨村东北角，青砖墙、硬山顶，呈两进三开间的建筑形制。据记载，孙中山在与陆皓东途经北极殿时，看到村民拜神就医的愚昧行为，怒砸神像。

第七，更楼是孙中山改革村内安保管理机制的见证场所。更楼位于翠亨村西南部，与孙中山故居仅有一巷之隔，是村内最高的构筑物。更楼墙体由灰色石砖砌筑而成，四面均开设狭长的孔洞，具有打更、防盗、瞭望的功能，同时可存放水箱、水车等消防工具。据记载，孙中山的父亲孙达曾是村里的更夫。留学归来的孙中山不忍父亲操劳，提倡改革乡政，设置更楼，并组织青年巡逻防盗，这体现了孙中山过人的组织能力。

第八，村落南边主入口处的闸门是孙中山进行火药研制的场所，是其早期从事革命活动、科技救国的见证。该闸门高约 2 米，与村落外部的围墙相连，上侧有石匾阳刻“瑞接长庚”四字。石匾上有一处明显的裂痕，相传为孙中山与陆皓东进行火药试验爆破所致，留存至今。

## 三、设计立题

通过现场调研和后期分析，小组成员对翠亨村的设计立题把握到位，能够清晰认识到翠亨村的规划设计核心是用空间叙事的手法表现孙中山先生的伟人精神内核。基于此，小组成员最终提出了“感今惟昔、故居新生”的解题思路，以孙中山的生平事迹作为空间叙事的主轴线（图 6-16），通过场地记忆保留与再生、空间质量提升等规划方法重现翠亨村的精神和文化。出于历史保护的目的，小组成员难以在建筑群体空间组合与重构等方面做文章，主要通过公共空间景观营造来实现设计立题。

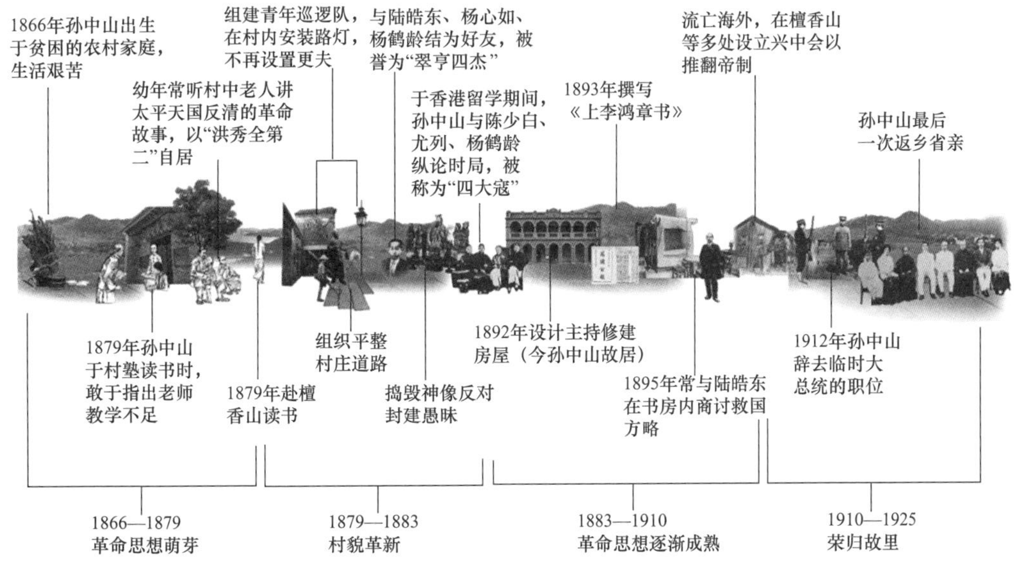


图 6-16　孙中山生平与翠亨村的典型交集事件

第一，通过总结孙中山生平不同阶段的名人轶事，串联主要叙事场所来组织多条叙事线路。由于孙中山先生在翠亨村的代表性轶事基本上都发生在翠亨古村中，因此翠亨古村空间范围内的叙事线路构思成为解题的关键。小组成员提取了七个故事发生的场所，试图在接下来的规划设计中串点成线，再进一步接线成网，通过多线交织来超越线性的单一体验，形成复合化的网状表述（图 6-17）。

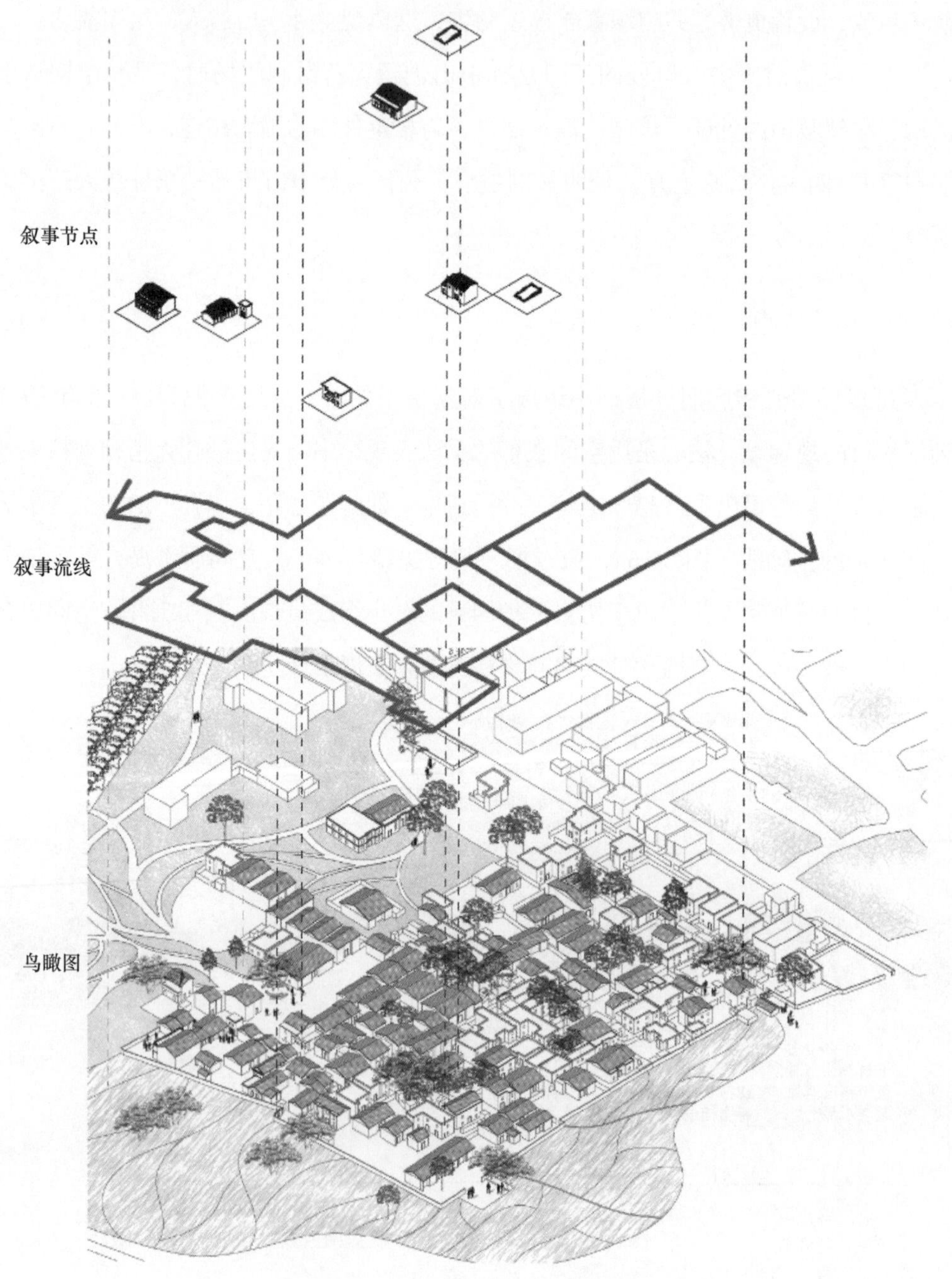


图 6–17　翠亨古村叙事节点设计策略

第二，翠亨古村外的空间设计重点在于风貌协调，在现有翠亨村的整体范围内统筹规划。经过讨论，小组成员决定保留乡村耕地与鱼塘，将其还原成孙中山时代的农耕生活场景，从而为故事的讲述搭建更为真实的背景舞台。此外，对于已经建成的现代纪念场所和爱国主义教育场所也通过线路再造的方式，为讲述孙中山的故事做铺垫和精神升华。小组成员在四个不同的分区内，分别选取多个叙事节点进行线路串联。接下来的规划设计重点就是将故事落实在空间设计上。此外，为了避免线路过于复杂导致方向感迷失，小组成员采用不同的本土建筑材料与建筑文化符号，作为不同线路上的引导标识（图 6-18）。

图 6–18　翠亨村空间叙事线路

## 四、空间叙事

第一，整体村落空间布局。小组成员利用翠亨村濒临兰溪河的区位优势，将兰溪河水引入村落的田间地头。引水入村的思考主要出于以下三个方面：首先，用水增加乡村的景观灵动感，营造村落远处有山、近处有田、水从田间绕的山水图景；其次，用水系将规划范围大致划分成四个区域，分别是西南部的翠亨古村、西北部的翠亨新村西片区、东北部的翠亨新村东片区和东南部的农耕景观园区；最后，将村落的鱼塘和活水串接，能够将鱼塘的死水激活，有效改善水质。在村落建筑的保护与更新方面，小组成员采取保护和修缮传统建筑、保留村民私人住宅、适当拆除景区新建的管理和展示建筑的策略。在整体景观肌理的营造方面，小组成员试图维持村落具有传统乡土气息的空间格局。在西北部的翠亨新村西片区内，几乎保留了所有鱼塘并恢复鱼塘周边的农耕用地属性。在东南部的农耕景观园区中，也试图在不同季候大面积种植本土农作物来营造乡村农耕场景。在乡村“水—田—宅—塘”的整体空间基底中，在孙中山生平相关的场景中添加叙事点，组合成展现孙中山生平事迹的景观线（图 6-19）。

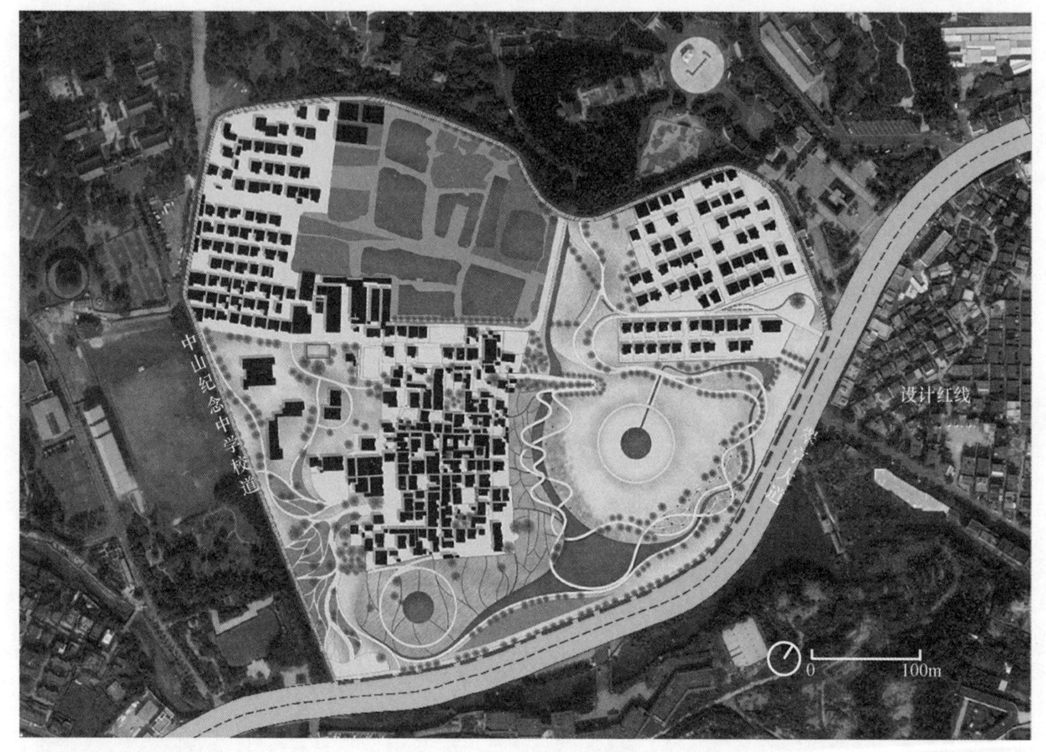


图 6–19 翠亨村规划设计平面

第二，叙事性景观设计。小组成员在充分挖掘场地资源与孙中山生平事迹的基础上，基于四种叙事性景观设计手法在整体空间肌理中植入孙中山先生的伟人轶事。具体而言，四种叙事性景观设计手法包括氛围重构、人景互动、故事线交织和精神植入（图 6-20）。其中，氛围重构着重还原翠亨村的传统乡村空间氛围，通过提炼传统空间格局的抽象特征，在现有基础上打造微地形与人造景观元素，重构“水—田—宅—塘”的空间关系。人景互动着重强调村落景观与参观者的互动，包括人与景观的互动、人与人的互动、人与建筑之间的互动。故事线交织强调不同景观线路之间的景观渗透以及故事线的交织，从而使参观者能够根据自己的意愿选择切换不同的线路，形成网状的游览经历。精神植入强调在场景中植入具备象征性的景观符号，可与参观者产生强烈的情感共鸣，从而在潜移默化中传播伟人精神。本方案选用的景观符号包括纪念柱、英雄树木棉、寓意象征符号等。

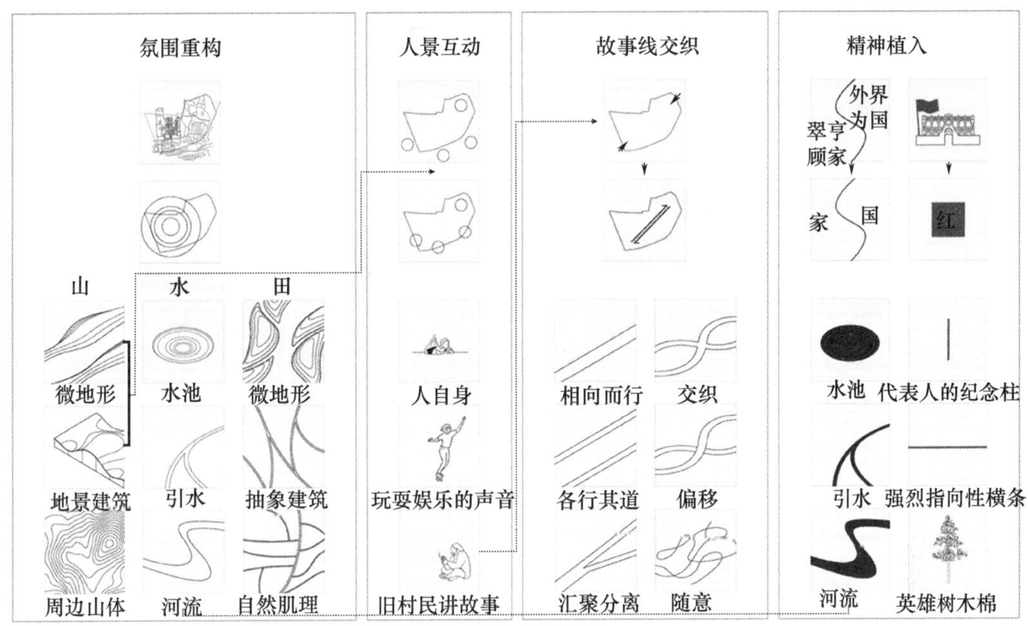


图 6-20　四种叙事性景观设计手法

在实际的叙事性景观设计过程中，最关键的环节之一就是将孙中山先生复杂的伟人轶事根据不同的主题区分成不同的故事链条。故事链条梳理可以将千头万绪的故事点进行主题归纳，便于向参观者进行系统传达和讲述。经过多轮讨论，我们决定以故事发生的先后顺序为线索，将孙中山先生的整个生平都涵盖进来，综合表达孙中山先生“家是小国、国是大家”的家国情怀（图 6-21）。孙中山先生的生平叙事划分为八个故事链条，分别是：①寒门顽童，翠亨开智；②至檀香山，增长见闻；③回乡改革，破旧被逐；④赴港留学，识友忧乡；⑤两岸辗转，革命从医；⑥海外流亡，革命初成；⑦荣归故里，匆匆回望；⑧革命未成身先死。这里需要说明的是，除了孙中山孩童时期和青少年时期的成长故事外，我们决定将其主要的革命成就也展示在景观叙事过程中，从而给参观者展示完整的人物形象。孩童和青少年时期的成长故事真实发生在翠亨古村，需要对应现实的空间场景。离乡之后的求学和革命故事没有发生在翠亨村，我们尝试用场景模拟、象征性造景、多媒体展示等形式进行讲述。

在确定了上述故事链条之后，就要思考如何将其安排在翠亨村的空间设计过程中。故事链条的落位主要涉及两个问题：一是落实到村落的哪个空间场景中？二是用怎样的形式语言来讲故事才能让参观者理解我们的设计意图？小组成员的解决方案是按照故事发生的先后顺序将其对应安排从入口直至出口的实体游线上。根据故事传达的人物感情色彩，分别用不同的线路走向来进行象征和寓意。具体而言，“寒门顽童，翠亨开智”的故事线路从村落临近翠亨大道的主入口开始，延伸至翠亨古村内的孙中山故居，预示着伟人的生命和初心以此为始。“至檀香山，增长见闻”的故事线路则又从古村引出，用环形线路环绕主入口处的田野，寓意少年离乡的经历（见图 6-22）。

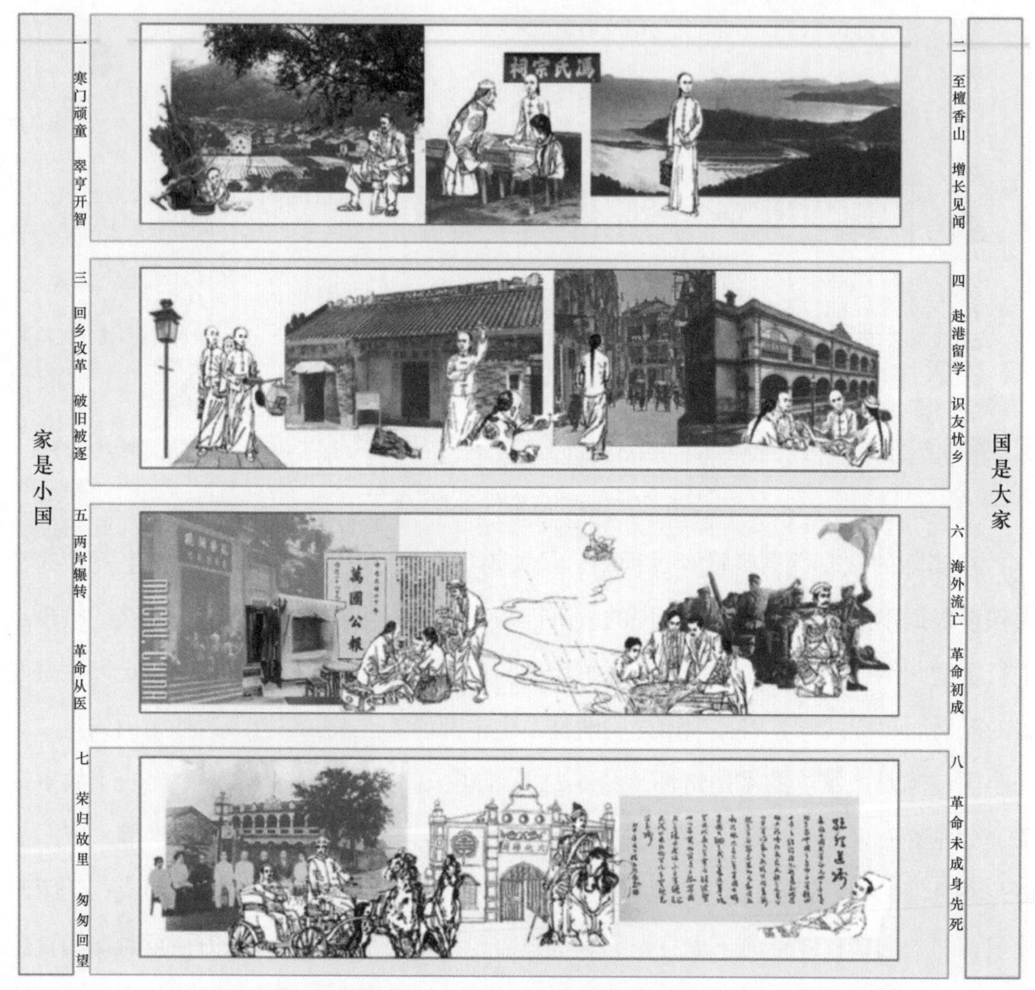


图 6–21　孙中山生平故事链条

“回乡改革，破旧被逐”的故事线路则主要发生在翠亨古村内部，串联了村内多个经典故事的发生场所。“赴港留学，识友忧乡”的故事线路则安排在“翠亨古村出口—东南农耕园入口”的路径上，寓意孙中山又一次离乡背井（见图 6-23）。

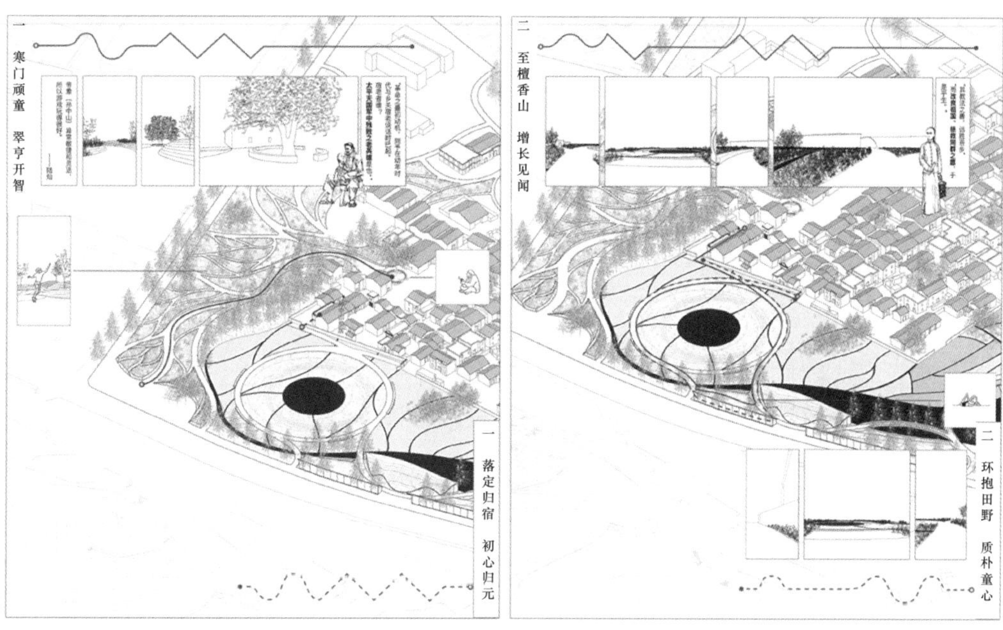


图 6–22　叙事线路 1 和 2

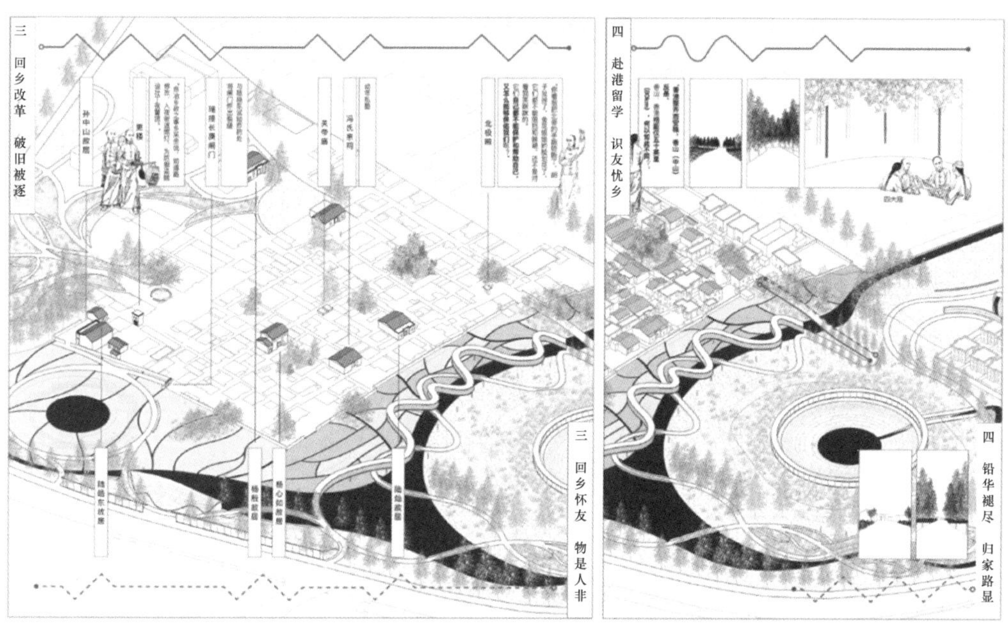


图 6–23　叙事线路 3 和 4

“两岸辗转，革命从医”和“海外流亡，革命初成”的故事线路则安排在环绕东南农耕园的环形线路上（图 6-24）。用迂回曲折的线路走向寓意孙中山革命道路的艰难和不易。东南农耕园的核心位置设置了圆形的展示线路，寓意经过辗转曲折，终于革命初成的阶段性圆满。

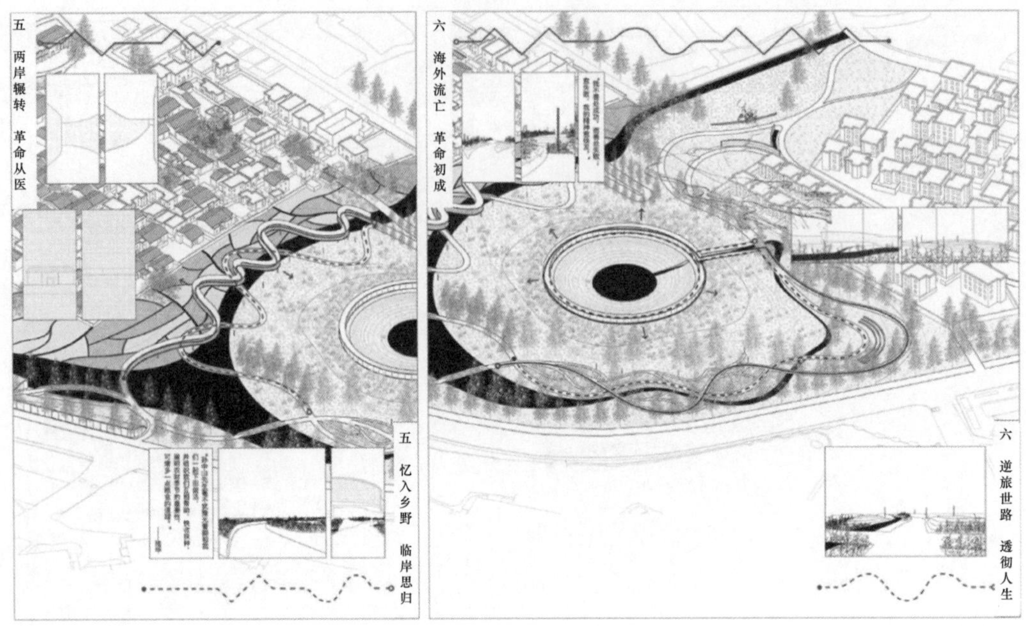


图 6–24 叙事线路 5 和 6

“荣归故里，匆匆回望”的故事线路安排在东南农耕园出口到新村东片区入口处（图 6-25），线路较短，寓意孙中山革命初成后短暂回乡探望的故事。“革命未成身先死”说明孙中山先生的生命到了尽头之时，革命大业依旧没有完成的遗憾，小组成员用直线线路指向村落的出口，来表征伟人生命的休止。

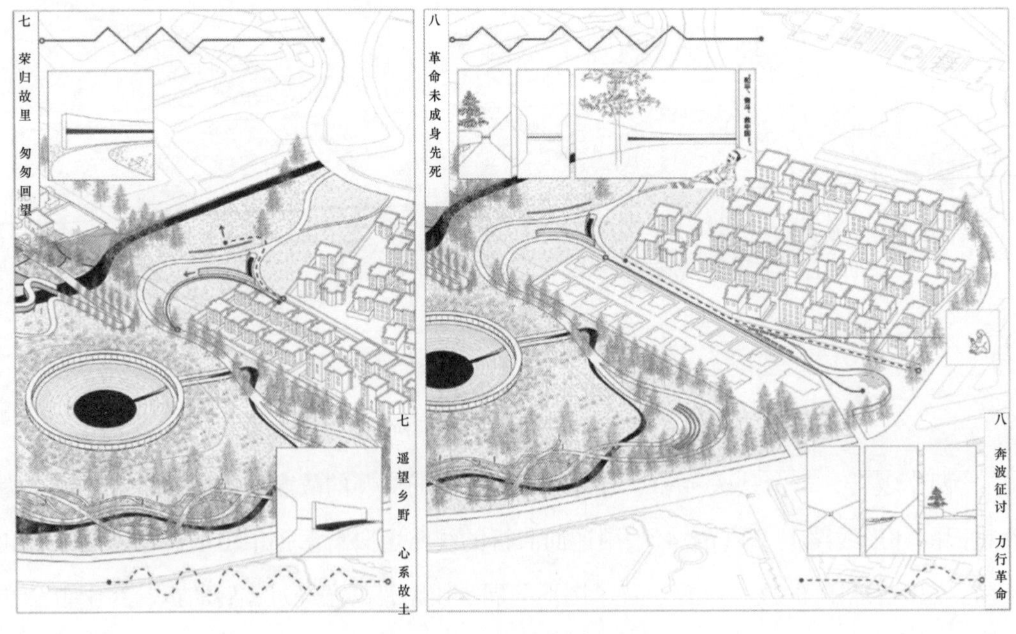


图 6–25 叙事线路 7 和 8

## 五、方案简评

本方案充分挖掘了翠亨村的精神内核，以宣扬孙中山生平事迹和爱国精神为主线，以展示翠亨村独特的“水—田—宅—塘”景观风貌格局为辅线，通过空间景观叙事手法串联起村落内的各个故事场所，这是方案最具感染力的优点所在。小组成员能够将故事线路营造的初衷贯彻规划设计的始终，能够抓住翠亨村的内在灵魂，反映出了不错的总结归纳和逻辑叙事能力。然而，方案在具体的故事线路安排和空间形式表达方面还显得比较生硬，设计表达趋同于城市公园绿地的常用手法，导致乡村属性有待加强；故事线路的空间尺度失当，周边服务设施配套考虑不足，对参观者的游览体验也兼顾较少，较难想象在真实空间落地实施的具体效果；此外对于叙事场所小环境的营造缺少细节，设计深度仍然需要提升。

设计小组成员：肖悦心、曾倩怡

设计指导教师：孙瑶

# 乡村规划设计图例

清晰彩图请扫二维码查看

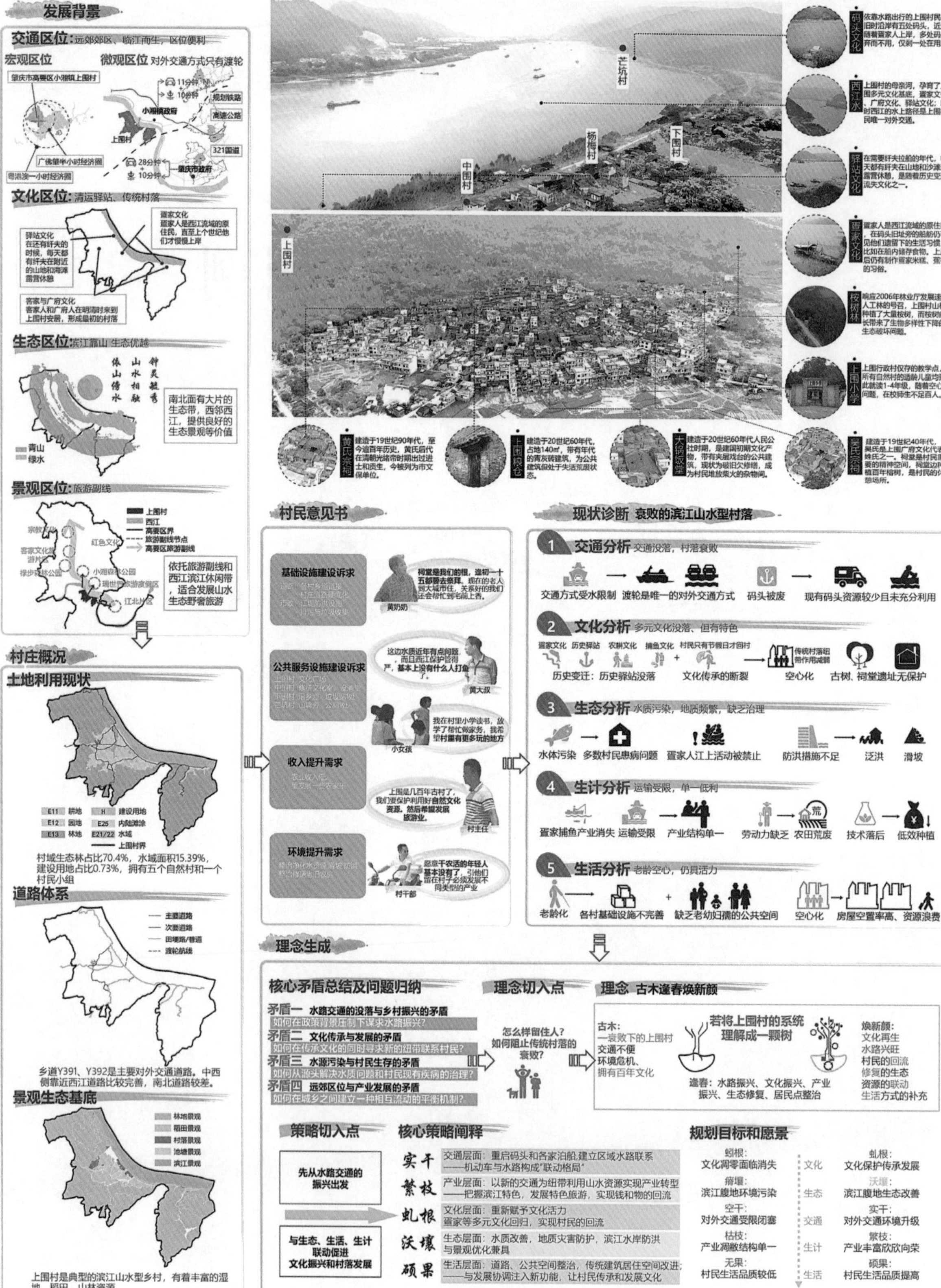

古木逢春 焕新颜
基于水路与文化振兴的乡村振兴——小湘镇上围村村庄规划 现状分析/理念 1
参赛学校名称：深圳大学 指导老师：邵亦文 小组成员：陈景技、陈佳鸿、梁峻、林璇
发展背景
交通区位：远郊郊区、临江而生，区位便利
宏观区位
微观区位 对外交通方式只有渡轮
文化区位：清运驿站、传统村落
生态区位：滨江靠山 生态优越
南北面有大片的生态带，西部西江，提供良好的生态景观等价值
景观区位：旅游副线
依托旅游副线和西江滨江休闲带，适合发展山水生态野奢旅游
村庄概况
土地利用现状
村域生态林占比70.4%，水域面积15.39%，建设用地占比0.73%，拥有五个自然村和一个村民小组
道路体系
乡道Y391、Y392是主要对外交通道路。中西侧靠近西江道路比较完善，南北道路较差。
景观生态基底
上围村是典型的滨江山水型乡村，有着丰富的湿地、稻田、山林资源
芒坑村
杨梅村
下围村
中围村
上围村
码头文化
西江水
驿站文化
疍家文化
桉树林
上围小学
黄氏宗祠
上围粮仓
大锅饭堂
吴氏宗祠
村民意见书
基础设施建设诉求
公共服务设施建设诉求
收入提升需求
环境提升需求
现状诊断 衰败的滨江山水型村落
1 交通分析 交通没落，村落衰败
交通方式受水限制 渡轮是唯一的对外交通方式 码头被废 现有码头资源较少且未充分利用
2 文化分析 多元文化没落、但有特色
历史变迁：历史驿站没落 文化传承的断裂 空心化 古树、祠堂遗址无保护
3 生态分析 水质污染，地质频繁，缺乏治理
水体污染 多数村民患病问题 疍家人江上活动被禁止 防洪措施不足 泛洪 滑坡
4 生计分析 运输受限，单一低利
疍家捕鱼产业消失 运输受限 产业结构单一 劳动力缺乏 农田荒废 技术落后 低效种植
5 生活分析 老龄空心，仍具活力
老龄化 各村基础设施不完善 缺乏老幼妇孺的公共空间 空心化 房屋空置率高、资源浪费
理念生成
核心矛盾总结及问题归纳
矛盾一 水路交通的没落与乡村振兴的矛盾
如何在政策背景压制下谋求水路振兴?
矛盾二 文化传承与发展的矛盾
如何在传承文化的同时寻求新的纽带联系村民?
矛盾三 水源污染与村民生存的矛盾
如何从源头解决水质问题和村民现有疾病的治理?
矛盾四 远郊区位与产业发展的矛盾
如何在城乡之间建立一种相互流动的平衡机制?
理念切入点
怎么样留住人？如何阻止传统村落的衰败？
理念 古木逢春焕新颜
古木：一衰败下的上围村 交通不便 环境危机、拥有百年文化
若将上围村的系统理解成一颗树
逢春：水路振兴、文化振兴、产业振兴、生态修复、居民点整治
焕新颜：文化再生 水路兴旺 村民的回流 修复的生态 资源的联动 生活方式的补充
策略切入点
先从水路交通的振兴出发
与生态、生活、生计联动促进文化振兴和村落发展
核心策略阐释
实干 交通层面：重启码头和各家泊船,建立区域水路联系——机动车与水路构成"联动格局"
繁枝 产业层面：以新的交通为纽带利用山水资源实现产业转型——把握滨江特色，发展特色旅游，实现钱和物的回流
虬根 文化层面：重新赋予文化活力 疍家等多元文化回归，实现村民的回流
沃壤 生态层面：水质改善，地质灾害防护，滨江水岸防洪与景观优化兼具
硕果 生活层面：道路、公共空间整治，传统建筑居住空间改进；——与发展协调注入新功能，让村民传承和发展文化
规划目标和愿景
蚜根：文化凋零面临消失 文化 虬根：文化保护传承发展
瘠壤：滨江腹地环境污染 生态 沃壤：滨江腹地生态改善
空干：对外交通受限闭塞 交通 实干：对外交通环境升级
枯枝：产业凋敝结构单一 生计 繁枝：产业丰富欣欣向荣
无果：村民生活品质较低 生活 硕果：村民生活品质提高

参赛学校名称：深圳大学　指导老师：邵亦文　小组成员：陈景技、陈佳鸿、梁峻、林璇

## 发展策略

### 1 水路交通

### 2 文化再生与上围发展轴

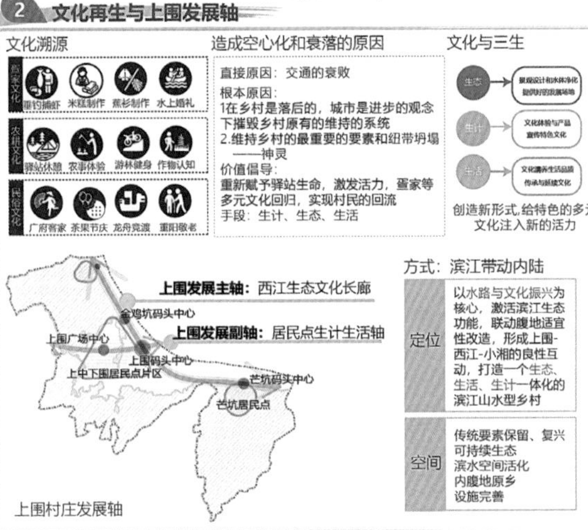

### 3 运营模式

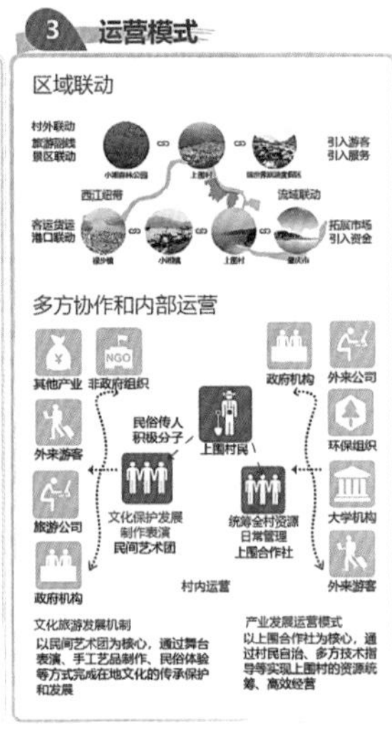

## 空间策略

### 空间策略一：繁枝/生计

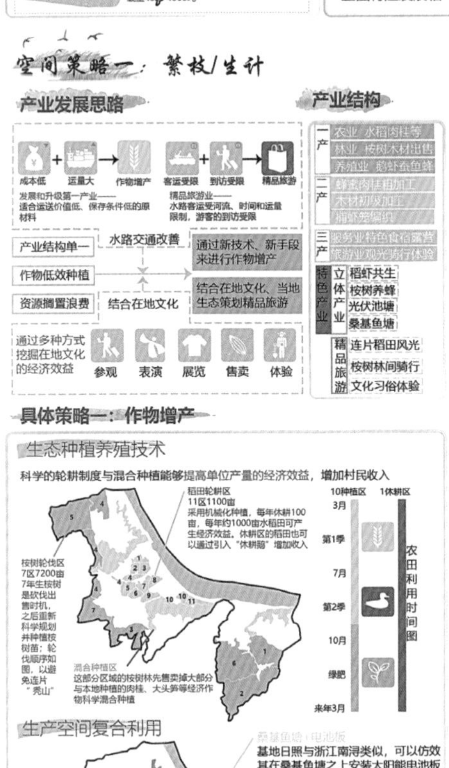

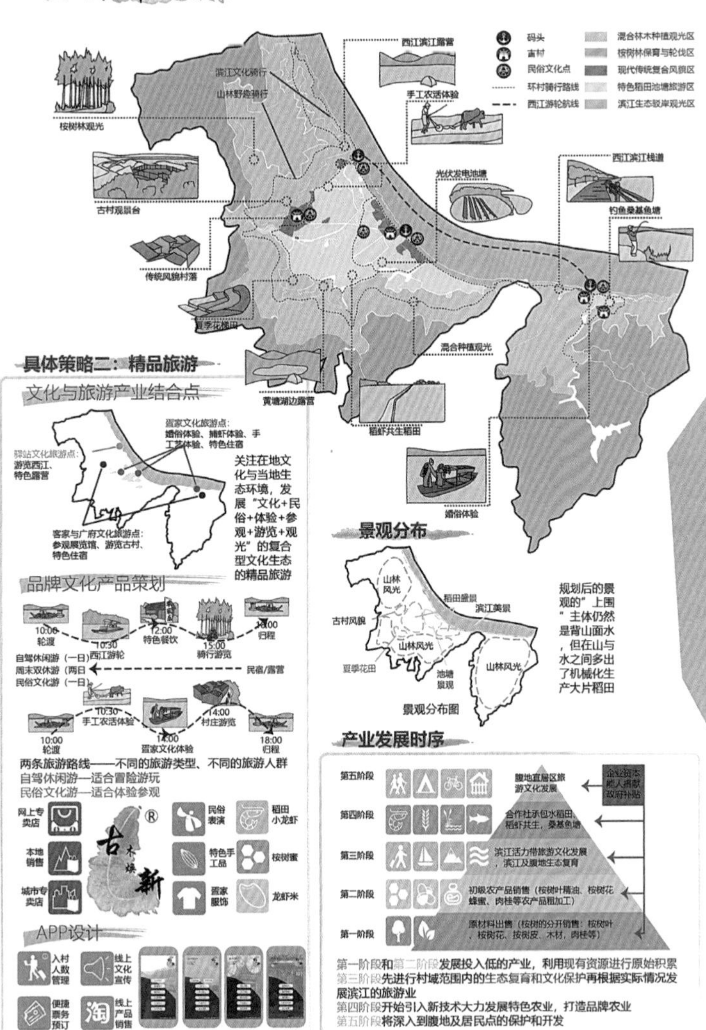

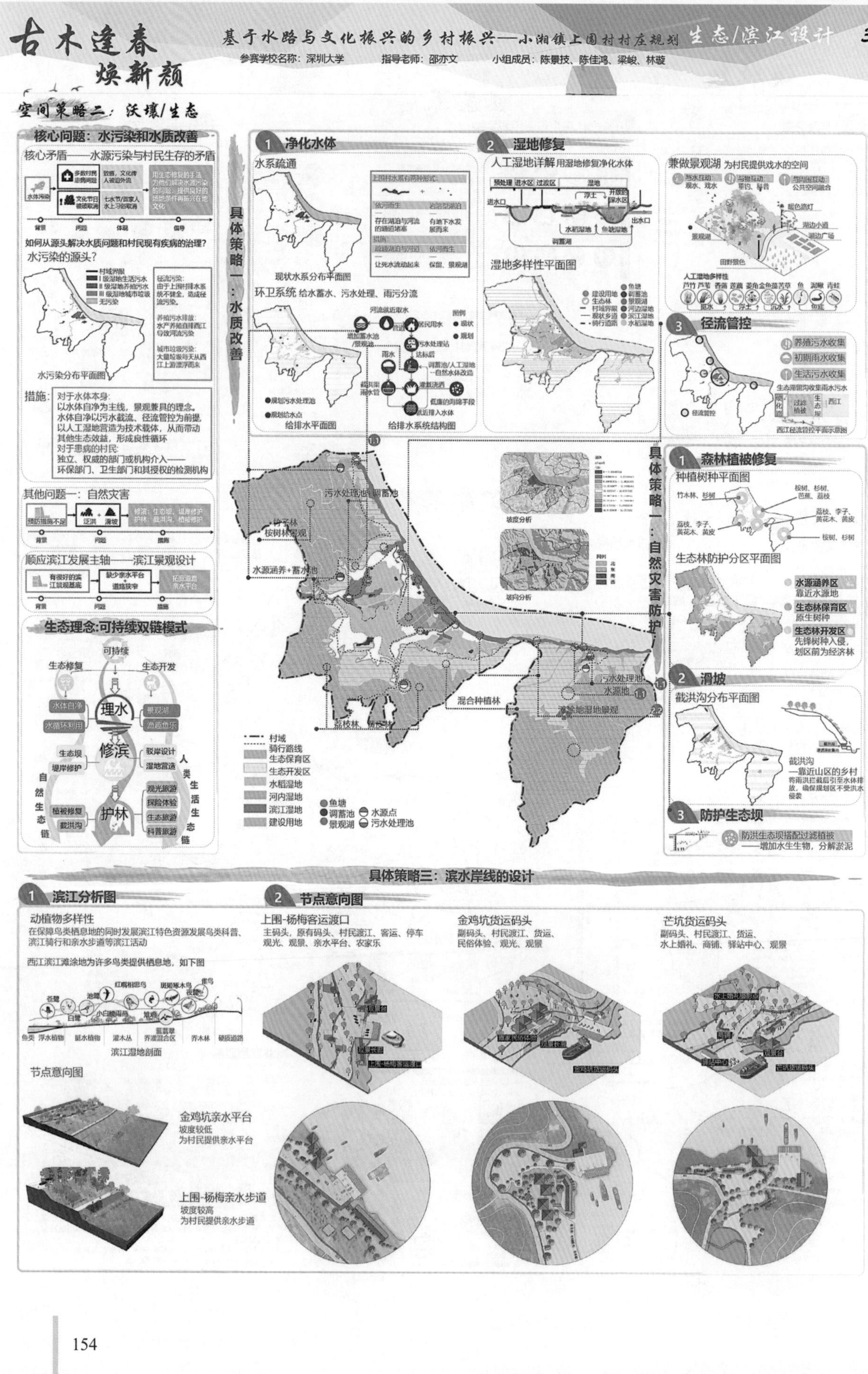

参赛学校名称：深圳大学 指导老师：邵亦文 小组成员：陈景技、陈佳鸿、梁峻、林璇

## 空间策略二：沃壤/生态

### 核心问题：水污染和水质改善

核心矛盾——水源污染与村民生存的矛盾

水体污染 → 多数村民患病问题；致癌，文化传人被迫外流 → 文化节日被迫取消；七水节/国家人水上习俗消失 → 用生态修复的手法为他们解决水源污染的问题，提供良好的场地条件再振兴在地文化

背景 问题 体现 倡导

如何从源头解决水质问题和村民现有疾病的治理？

水污染的源头？

村域界限
I 级湿地生活污水
II 级湿地养殖污水
III 级湿地城市垃圾
无污染

生活污染：由于上围村排水系统不健全，造成径流污染。

养殖污水排放：水产养殖直排西江导致河流污染。

城市垃圾污染：大量垃圾每天从西江上游漂浮而来

水污染分布平面图

措施：对于水体本身：
以水体自净为主线，景观兼具的理念。
水体自净以污水截流、径流管控为前提，以人工湿地营造为技术载体，从而带动其他生态效益，形成良性循环
对于患病的村民：
独立、权威的部门或机构介入——
环保部门、卫生部门和其授权的检测机构

### 其他问题一：自然灾害

预防措施不足 → 泛洪、滑坡 → 解决：生态坝、堤岸修护；护林、截洪沟、植被修护

背景 问题 措施

### 顺应滨江发展主轴——滨江景观设计

有很好的滨江景观基底 → 缺少亲水平台 + 道路狭窄 → 拓宽道路亲水平台

背景 问题 措施

### 生态理念：可持续双链模式

可持续
生态修复 生态开发
水体自净 景观湖
水循环利用 渔趣鱼乐
理水
修滨
生态坝 驳岸设计
堤岸修护 湿地营造
护林
植被修复 观光旅游
截洪沟 探险体验
生态旅游
科普旅游
自然生态链 人类生活生态链

## 具体策略一：水质改善

### 1 净化水体

水系疏通

上围村水系有两种形式：
依河而生 / 岩岩型湖泊
存在湖泊与河流的通道堵塞 / 有地下水发展而来
措施：
疏通湖泊与河道 / 依河而生
让死水流动起来 / 保留、景观湖

现状水系分布平面图

环卫系统 给水蓄水、污水处理、雨污分流

河流就近取水 → 增加蓄水池/景观湖 → 居民用水 → 污水处理站 → 达标后 → 调蓄池/人工湿地—自然水体改造 → 就近排入水体
雨水 → 截洪渠雨水管 → 灌溉浇洒；低廉的沟渠手段

图例 ●现状 ●规划

●规划污水处理池
●规划给水点

给排水平面图 给排水系统结构图

### 2 湿地修复

人工湿地详解 用湿地修复净化水体

预处理 进水区 过滤区 湿地
进水口 浮土 开放的深水区 出水口
水稻湿地 鱼塘湿地
调蓄湖

湿地多样性平面图

建设用地 鱼塘
生态林 调蓄池
村域界限 景观湖
现状乡道 河边湿地
骑行道路 滨江湿地
水稻湿地

兼做景观湖 为村民提供戏水的空间

与水互动：观水、戏水
与物互动：垂钓、骑行
与同胞互动：公共空间融合

暖色路灯
湖边小道
湖边广场
景观湖
田野景色

人工湿地多样性
芦竹 芦苇 香蒲 菖蒲 菱角 金鱼藻 苦草 鱼 泥鳅 青蛙
挺水 浮水 沉水 鱼虾

### 3 径流管控

养殖污水收集
初期雨水收集
生活污水收集
生态滞留沟收集雨水污水
净化池 过滤植被 生态坝 西江
径流管控
西江径流管控平面示意图

1-1 2-2

污水处理池+调蓄池
竹子林
桉树林景观
水源涵养+蓄水池
混合种植林
污水处理池
水源地
滨江湿地景观
荔枝林 桉树林

- 村域
- 骑行路线
- 生态保育区
- 生态开发区
- 水稻湿地
- 河内湿地
- 滨江湿地
- 建设用地

●鱼塘 ●调蓄池 ●景观湖 水源点 污水处理池

## 具体策略二：自然灾害防护

坡度分析

坡向分析

### 1 森林植被修复

种植树种平面图

竹本林、杉树
桉树、杉树、芭蕉、荔枝
荔枝、李子、黄花木、黄皮
荔枝、李子、黄花木、黄皮
桉树、杉树

生态林防护分区平面图

水源涵养区 靠近水源地
生态林保育区 原生树种
生态林开发区 先锋树种入侵，划区前为经济林

### 2 滑坡

截洪沟分布平面图

截洪沟——靠近山区的乡村
将雨洪拦截后引至水体排放，确保规划区不受洪水侵袭

### 3 防护生态坝

防洪生态坝搭配过滤植被——增加水生生物，分解淤泥

## 具体策略三：滨水岸线的设计

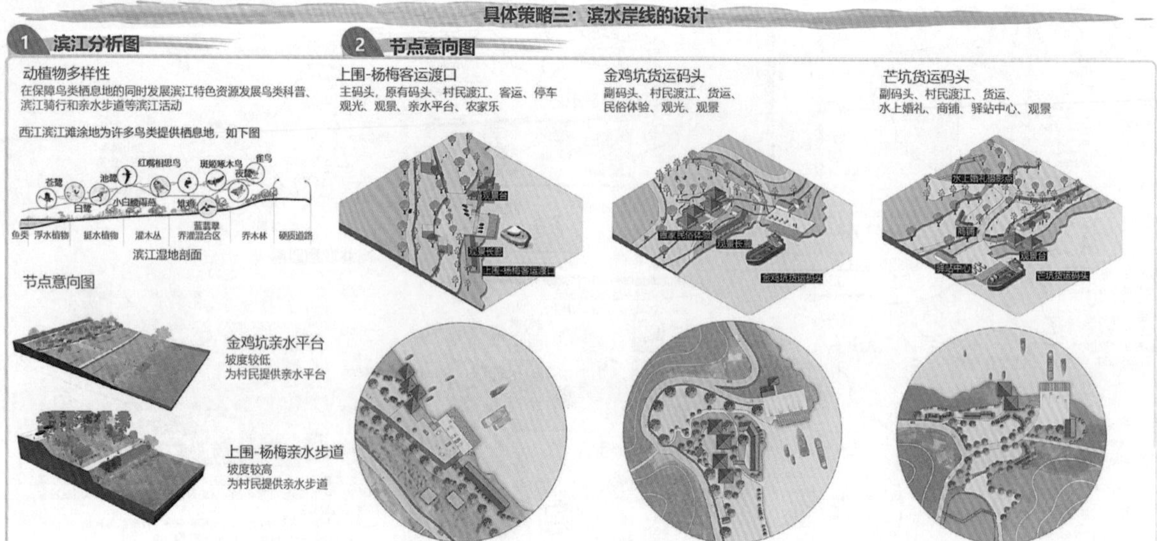

基于水路与文化振兴的乡村振兴——小湘镇上围村村庄规划 空间策略/生活 4

参赛学校名称：深圳大学 指导老师：邵亦文 小组成员：陈景技、陈佳鸿、梁峻、林璇

## 空间策略三：硕果/生活

### 生活特征：老龄空心，仍具活力

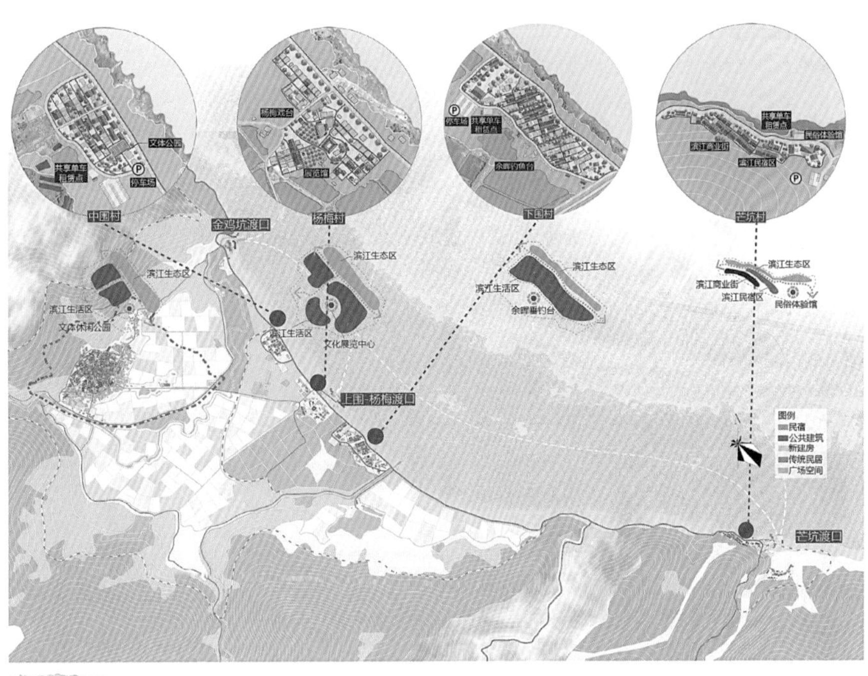


### 整治整理

道路整治专题

车行系统：复兴两个货运码头
骑行系统：结合自然路径打造
共享单车点：结合观光路线设三个

停车：滨江沿岸设置
村内：外来机动车通行限制

限制外来机动车在村内通行，滨江沿岸设置停车位，鼓励绿色出行

公共空间整治

策略一：在零碎地块利用回收材料营造场所空间

策略二：拆除占据公共空间的空置屋疏通内部脉络

古村建筑整治

老宅更新指引

旧村内部宅前屋后间距过小为保留肌理以及减少拆除工程量，对老宅做适老性改造

改善通风 增加日照

主题建筑改造指引

对于功能复合的原住宅，给予以下指引：

V+个性定制=乡村民宿
V+空间改造=体验工坊
V+功能置换=创意集市
V+修缮保护=古巷观光

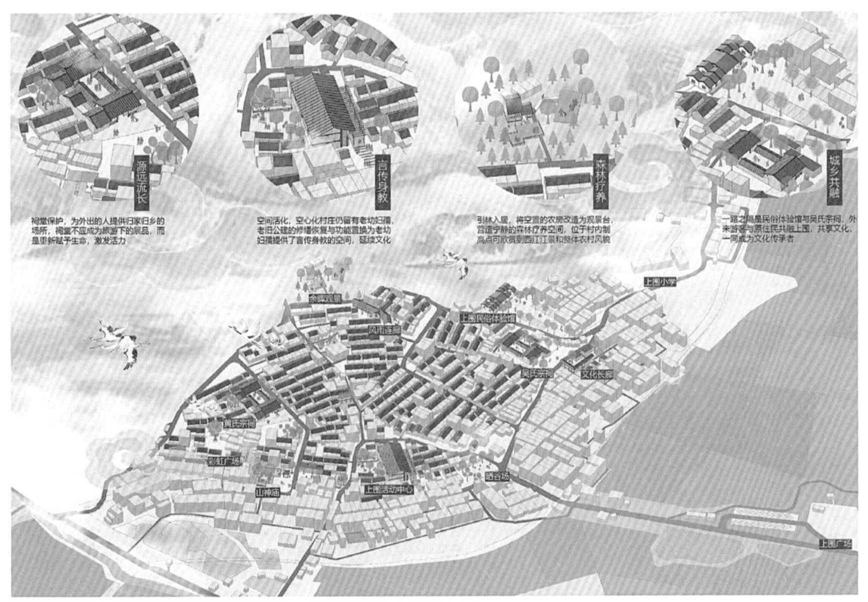


### 上围自然村规划

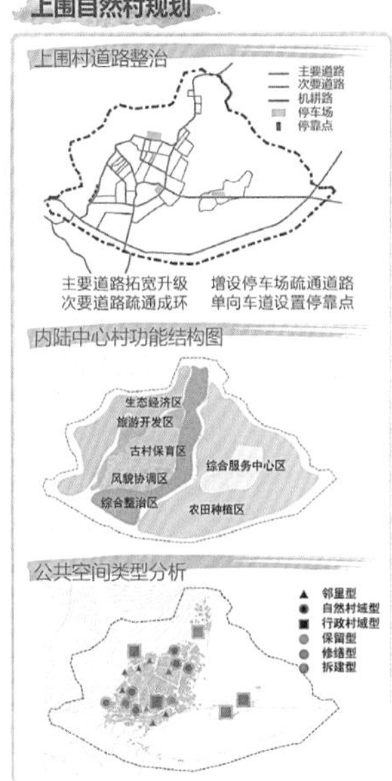

鄉途回眸，茶果串魂
壹
——基于民俗节庆复兴的上围村乡村规划
机遇与挑战
区域格局 肇庆市小湘镇上围村空间格局较为闭塞，发展受限
肇庆市—上围村
高要区—上围村
小湘镇—上围村
文化历史 上围村文物遗址与民俗节庆颇多，具有浓厚文化底蕴
保存完好的原生态传统村落
民俗节庆多元丰富
茶果节庆现有一定受众
人口经济 上围村劳动力外流，空心化严重，产业低利单一
57%村民外出务工
农业种植单一、低利
产业升级意愿强烈
土地利用和道路系统 上围村土地利用分散，经济腹地受限
山水环绕，中部地势平坦
土地利用现状
道路系统现状
特色产业需求
特色产业
特色发展带动村庄吸引力
文化复兴切入
借民俗节庆归流复兴
产业升级需求
村民参与，产业联动
土地整合需求
精细化耕作，提高产值
解题与定位
茶果节的村庄发展意义
茶果文化
产业特色
茶果节是凝聚村民的纽带
也是有吸引力的特色民俗
茶果品牌的发展阶段
① 部分村民发展茶果品牌产值销量剧增
务农村民
② 产值提升吸引外流村民归乡发展
外流村民
③ 归乡村民带回技术促进茶果品牌发展
归乡村民
都市游客
④ 趣味茶果民俗吸引城镇游客下乡体验
邻镇游客
期望与愿景 凭茶果振乡建
茶果节凝聚各辈村民
茶果文化
祖辈
父辈
子辈
实现各辈村民对节庆的期许盼望
原乡
故乡
家乡
家乡·故乡·原乡的村庄发展结构
家乡 生态宜居
故乡 品牌产业
原乡 文脉传承
家乡 生态宜居

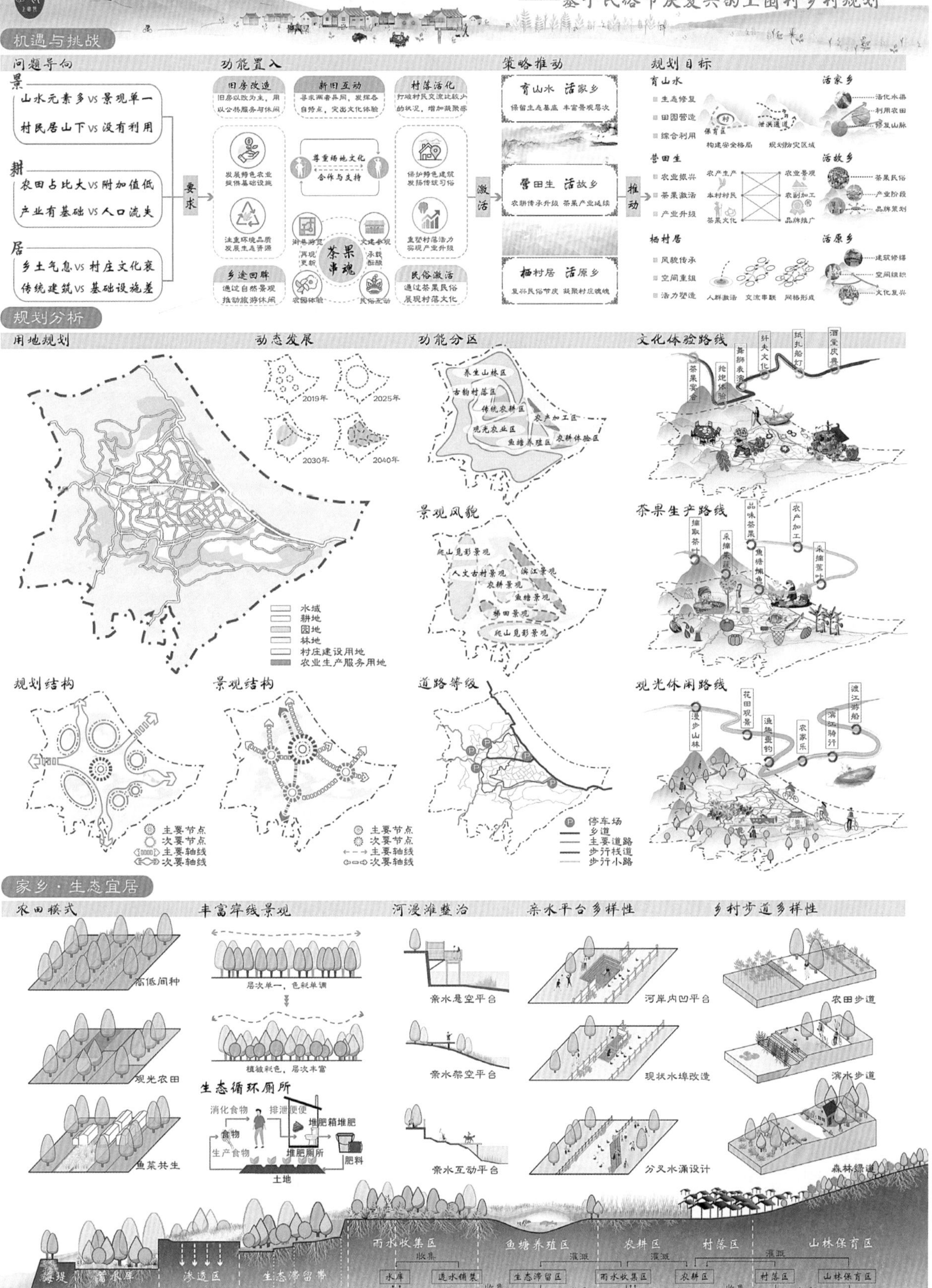

鄉途回眸，茶果串魂
贰
——基于民俗节庆复兴的上围村乡村规划
机遇与挑战
问题导向
景
山水元素多VS景观单一
村民居山下VS没有利用
耕
农田占比大VS附加值低
产业有基础VS人口流失
居
乡土气息VS村庄文化衰
传统建筑VS基础设施差
要求
功能置入
旧房改造
新旧互动
村落活化
发展特色农业 提供基础设施
尊重场地文化
合作与支持
保护特色建筑 发扬传统习俗
注重环境品质 发展生态资源
茶果串魂
重塑村落活力 实现产业升级
乡途回眸
通过自然景观 推动旅游休闲
民俗激活
通过茶果民俗 展现村落文化
策略推动
育山水 活家乡
保留生态基底 丰富景观层次
营田生 活故乡
农耕传承升级 茶果产业延续
栖村居 活原乡
复兴民俗节庆 凝聚村庄魂魄
激活
推动
规划目标
育山水
生态修复
田园营造
综合利用
构建安全格局
规划防灾区域
活家乡
营田生
农业振兴
茶果激活
产业升级
农产生产
农业景观
本村村民
农副加工
茶果文化
品牌推广
活故乡
栖村居
风貌传承
空间重组
活力塑造
人群激活
文流串联
网格形成
活原乡
建筑修缮
空间组织
文化复兴
规划分析
用地规划
水域
耕地
园地
林地
村庄建设用地
农业生产服务用地
动态发展
2019年
2025年
2030年
2040年
功能分区
养生山林区
古韵村落区
传统农耕区
农产加工区
观光农业区
鱼塘养殖区
农耕体验区
景观风貌
人文古村景观
滨江景观
农耕景观
鱼塘景观
梯田景观
文化体验路线
茶果宴会
抢炮体验
舞狮表演
纤夫文化
纸扎船灯
酒堂庆典
茶果生产路线
摘取茶叶
采摘茶菜
品味茶果
鱼塘捕鱼
农产加工
采摘茶叶
规划结构
主要节点
次要节点
主要轴线
次要轴线
景观结构
主要节点
次要节点
主要轴线
次要轴线
道路等级
停车场
乡道
主要道路
步行栈道
步行小路
观光休闲路线
漫步山林
花田观景
渔塘垂钓
农家乐
滨江骑行
渡江游船
家乡·生态宜居
农田模式
高低间种
观光农田
鱼菜共生
丰富岸线景观
层次单一，色彩单调
植被彩色，层次丰富
生态循环厕所
消化食物
排泄粪便
食物
堆肥箱堆肥
生产食物
堆肥厕所
肥料
土地
河漫滩整治
亲水悬空平台
亲水架空平台
亲水互动平台
亲水平台多样性
河岸内凹平台
现状水埠改造
分叉水涌设计
乡村步道多样性
农田步道
滨水步道
森林步道
雨水收集区
鱼塘养殖区
农耕区
村落区
山林保育区
收集
灌溉
水库
透水铺装
生态滞留区
雨水收集区
农耕区
村落区
山林保育区
堤
蓄水库
渗透区
生态滞留带

乡途回眸，茶果串魂
叁
——基于民俗节庆复兴的上围村乡村规划
故乡 · 品牌产业
既有资源
产业现状
现状问题
应对策略
预期效果
茶果记 · 制作工艺
STEP1：收割水稻糯稻，浸泡洗净制成裹蒸原材料
STEP2：间作区收取绿豆玉米，完成基础配料
STEP3：抓鸡鸭鱼制成肉馅适量佐料搅拌均匀
STEP4：芭蕉林摘取新鲜蕉叶，洗净后锅煮5~10分钟
STEP5：蕉叶烘压包裹食材，围绕裹蒸系上细线
STEP6：菜地摘取农家菜准备乡村围菜宴
茶果记 · 品牌策划
"茶果+"主题文化节
TEA and FRUIT Theme Culture Festival
肇庆 · 上围村
茶果记 · 产业升级
茶果记 · 外销输出

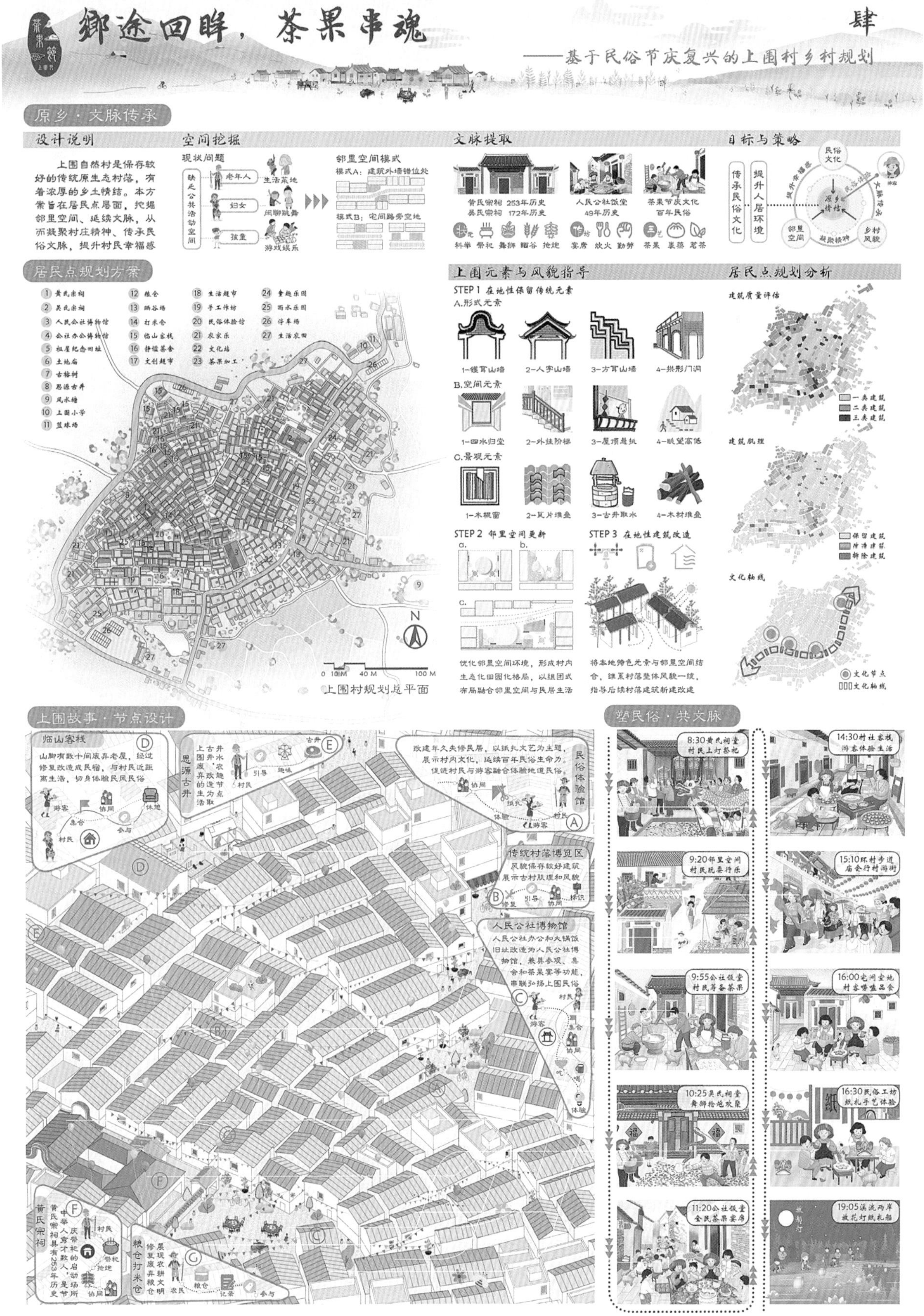

# 乡途回眸，茶果串魂

肆

——基于民俗节庆复兴的上围村乡村规划

## 原乡 · 文脉传承

## 居民点规划方案

## 上围故事 · 节点设计

**临山客栈** D

山脚有数十间废弃老屋，经过修复改造成民宿，与村民近距离生活，切身体验民风民俗

游客 集合 协同 参与 休憩 村民

**思源古井** E

上围废弃的生活古井，改造为取井水农趣节点

村民 引导 趣味 古井

**民俗体验馆** A

改建年久失修民居，以纸扎文艺为主题，展示村内文化，延续百年民俗生命力。促进村民与游客融合体验地道民俗。

协同 纸扎 体验 游客 村民

**传统村落博览区** B

风貌保存较好建筑 展示古村肌理和风貌

修复 引导 协同 标识

**人民公社博物馆** C

人民公社办公和大锅饭旧址改造为人民公社博物馆，兼具参观、集会和茶果宴等功能，串联弘扬上围民俗

村民 游客 集合 协同 吃 喝 体验

**黄氏宗祠** F

黄氏宗祠具有253年历史，中举人秀才数人，是节庆祭祀的启动场所

村民 祭祀 抢炮 协同

**粮仓打米仓** G

修复废弃粮仓，展现农耕文明

农民 粮仓 记录 参与

## 塑民俗 · 共文脉

8:30黄氏祠堂 村民上灯祭祀

9:20邻里空间 村民玩耍行乐

9:55公社饭堂 村民筹备茶果

10:25吴氏祠堂 舞狮抢炮欢聚

11:20公社饭堂 全民茶果宴席

14:30村社客栈 游客体验生活

15:10环村步道 庙会行村游街

16:00宅间空地 村客唠嗑品食

16:30民俗工坊 纸扎手艺体验

19:05溪流两岸 放花灯纸扎船

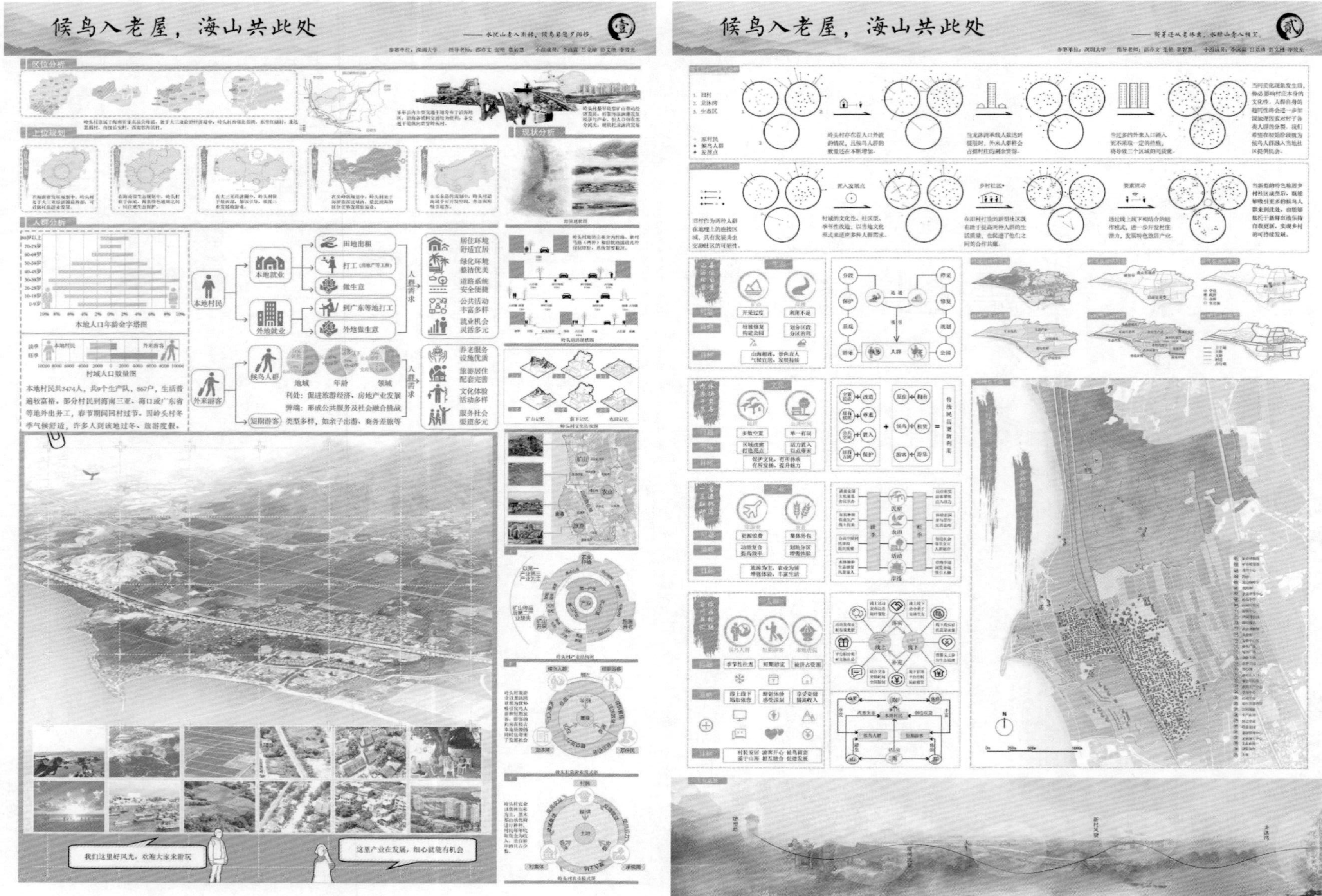
候鸟入老屋，海山共此处
壹
区位分析
上位规划
现状分析
人群分析
本地人口年龄金字塔图
村域人口数量图
本地村民共3474人，共9个生产队，867户，生活普遍较富裕。部分村民到海南三亚、海口或广东省等地外出务工，春节期间回村过节。因岭头村冬季气候舒适，许多人到该地过冬、旅游度假。
本地村民
本地就业
外地就业
田地出租
打工
做生意
到广东等地打工
外地做生意
人群需求
居住环境舒适宜居
绿化环境整洁优美
道路系统安全便捷
公共活动丰富多样
就业机会灵活多元
外来游客
候鸟人群
地域
年龄
领域
利处：促进旅游经济、房地产业发展
弊端：形成公共服务及社会融合挑战
短期游客
类型多样，如亲子出游、商务差旅等
养老服务设施优质
旅游居住配套完善
文化体验活动多样
服务社会渠道多元
我们这里好风光，欢迎大家来游玩
这里产业在发展，细心就能有机会
候鸟入老屋，海山共此处
贰
本地村民
候鸟人群
发展点
人群
= 传统民居更新再利用

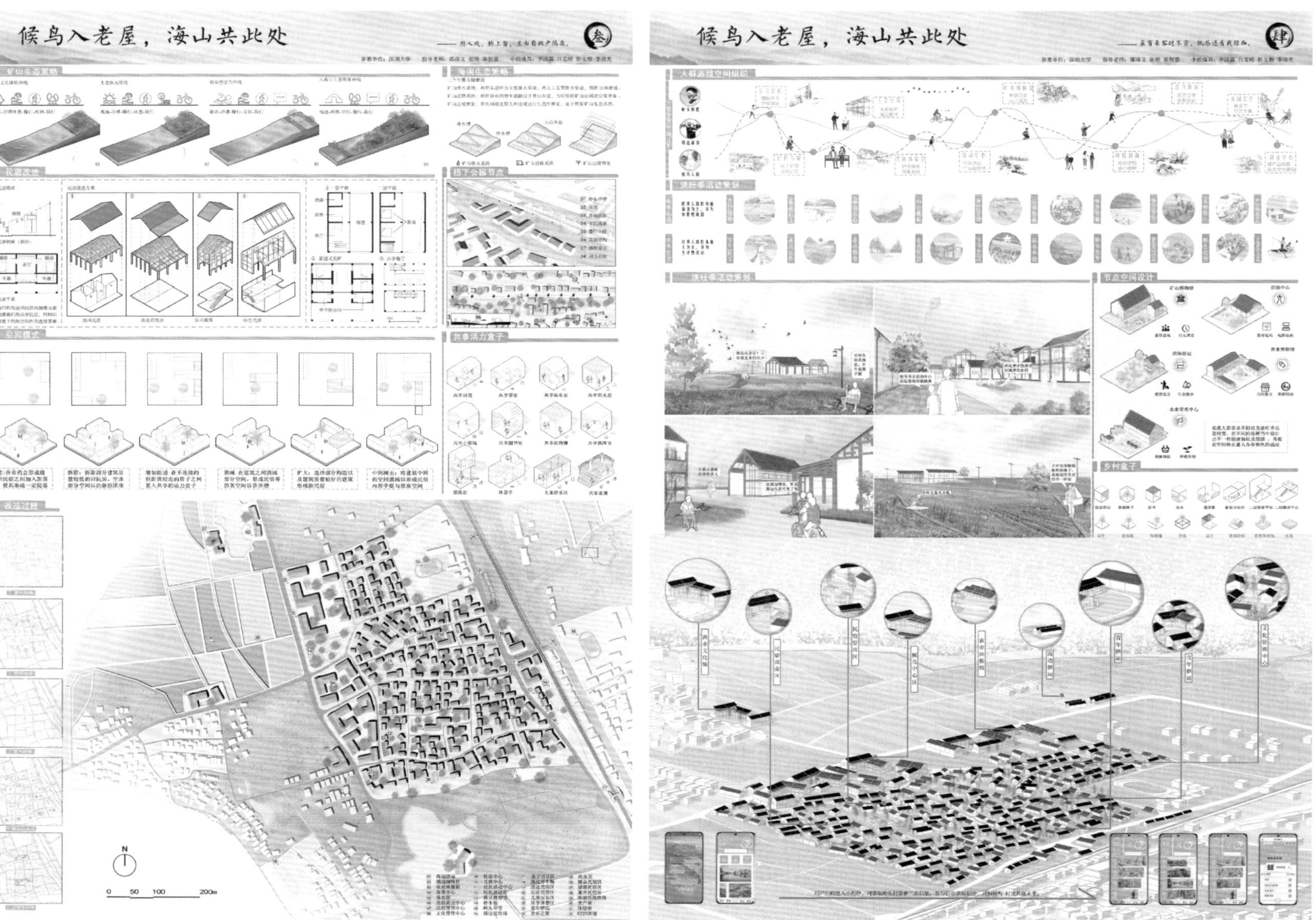
候鸟入老屋，海山共此处
矿山生态策略
海滨生态策略
民居改造
桥下公园节点
空间模式
共享活力盒子
改造过程
候鸟入老屋，海山共此处
人群游线空间组织
淡旺季活动策划
节点空间设计
乡村盒子

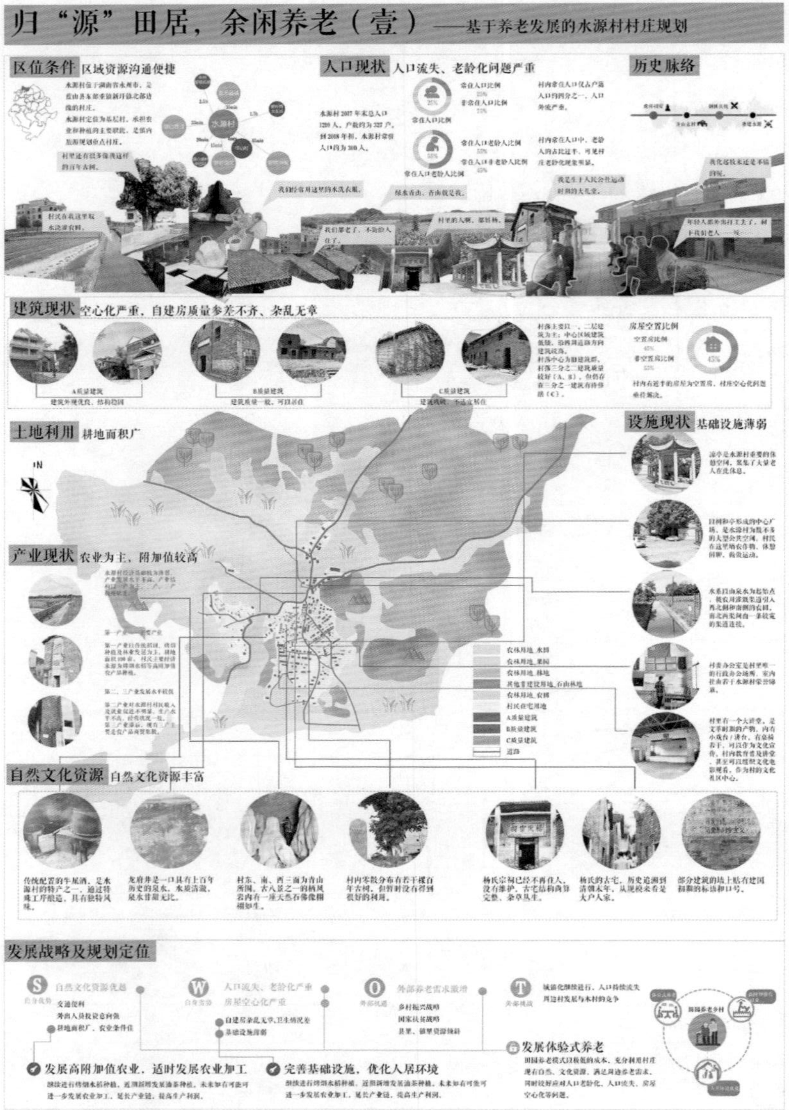

# 归“源”田居，余闲养老（壹）——基于养老发展的水源村村庄规划

## 区位条件 区域资源沟通便捷

## 人口现状 人口流失、老龄化问题严重

## 历史脉络

## 建筑现状 空心化严重，自建房质量参差不齐，杂乱无章

A质量建筑

B质量建筑

C质量建筑

房屋空置比例

## 土地利用 耕地面积广

## 设施现状 基础设施薄弱

## 产业现状 农业为主，附加值较高

## 自然文化资源 自然文化资源丰富

传统配置的牛尾酒，是水源村的特产之一，通过特殊工序酿造，具有独特风味。

龙府井是一口具有上百年历史的泉水，水质清澈，泉水甘甜无比。

村东、南、西三面为青山所围，古八景之一的栖凤岩内有一座天然石佛像栩栩如生。

村内零散分布有若干棵百年古树，但暂时没有得到很好的利用。

杨氏宗祠已经不再住人，没有维护，古宅结构尚算完整，杂草丛生。

杨氏的古宅，历史追溯到清朝末年，从规模来看是大户人家。

部分建筑的墙上贴有建国初期的标语和口号。

## 发展战略及规划定位

**S** 自然文化资源优越（自身优势）
- 交通便利
- 外出人员投资意向强
- 耕地面积广，农业条件佳

**W** 人口流失、老龄化严重；房屋空心化严重（自身劣势）
- 自建房杂乱无章，卫生情况差
- 基础设施薄弱

**O** 外部养老需求激增（外部机遇）
- 乡村振兴战略
- 国家扶贫战略
- 县里、镇里资源倾斜

**T** 城镇化继续进行，人口持续流失；周边村发展与本村的竞争（外部挑战）

**发展高附加值农业，适时发展农业加工**

继续进行烤烟水稻种植，近期新增发展油茶种植，未来如有可能可进一步发展农业加工，延长产业链，提高生产利润。

**完善基础设施，优化人居环境**

继续进行烤烟水稻种植，近期新增发展油茶种植，未来如有可能可进一步发展农业加工，延长产业链，提高生产利润。

**发展体验式养老**

田园养老模式以极低的成本，充分利用村庄现有自然、文化资源，满足周边养老需求，同时较好应对人口老龄化、人口流失、房屋空心化等问题。

田园养老乡村

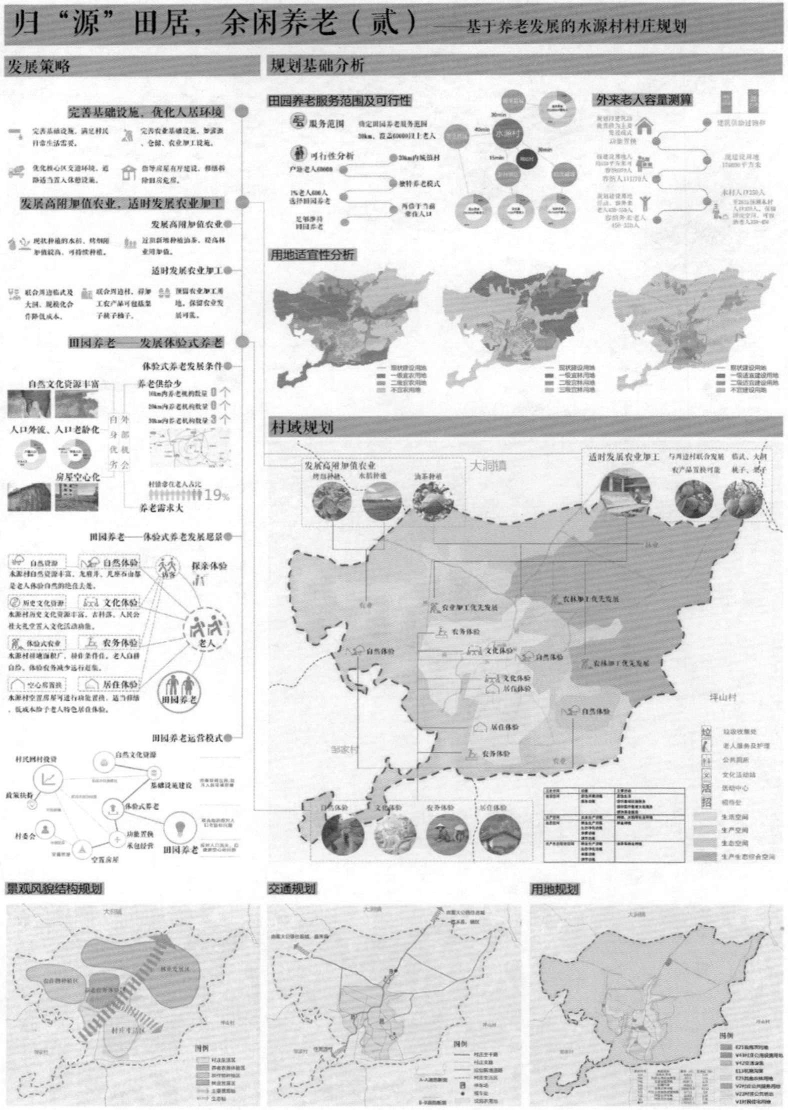

# 归“源”田居，余闲养老（贰）——基于养老发展的水源村村庄规划

## 发展策略

### 完善基础设施，优化人居环境

完善基础设施，满足村民日常生活需要。

完善农业基础设施，如灌溉、仓储、农业加工设施。

优化核心区交通环境，道路适当置入休憩设施。

指导房屋有序建设，修缮拆除旧房危房。

### 发展高附加值农业，适时发展农业加工

**发展高附加值农业**

现状种植的水稻、烤烟附加值较高，可持续种植。

近期新增种植油茶，提高林业附加值。

**适时发展农业加工**

联合周边临武及大洞，规模化合作降低成本。

联合周边村，待加工农产品可包括梨子桃子柚子。

预留农业加工用地，保留农业发展可能。

### 田园养老——发展体验式养老

**体验式养老发展条件**

自然文化资源丰富

养老供给少

10km内养老机构数量 0个

20km内养老机构数量 0个

30km内养老机构数量 3个

人口外流、人口老龄化

房屋空心化

养老需求大 19%

**田园养老——体验式养老发展愿景**

自然体验、文化体验、农务体验、居住体验、探亲体验

**田园养老运营模式**

村民网村建设、政策扶持、村委会、自然文化资源、基础设施建设、体验式养老、空置房屋、田园养老

## 规划基础分析

### 田园养老服务范围及可行性

服务范围

可行性分析

### 外来老人容量测算

### 用地适宜性分析

## 村域规划

发展高附加值农业

适时发展农业加工

大洞镇

坪山村

## 景观风貌结构规划

## 交通规划

## 用地规划

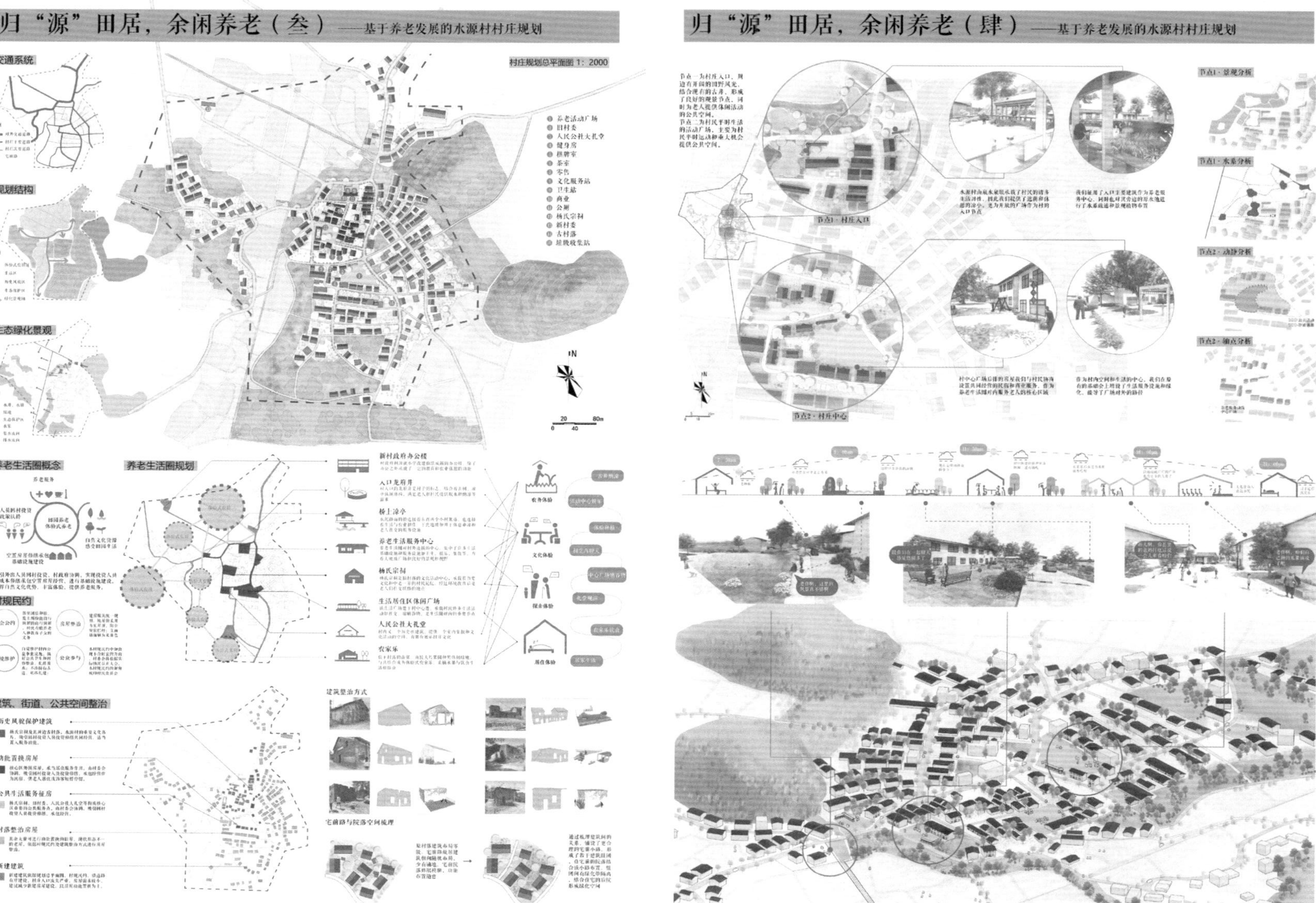

归"源"田居，余闲养老（叁）——基于养老发展的水源村村庄规划
交通系统
规划结构
生态绿化景观
村庄规划总平面图 1：2000
养老活动广场
旧村委
人民公社大礼堂
健身房
棋牌室
茶室
客栈
文化服务站
卫生站
商业
公厕
杨氏宗祠
新村委
古村落
垃圾收集站
养老生活圈概念
养老生活圈规划
新村政府办公楼
入口龙府井
桥上凉亭
养老生活服务中心
杨氏宗祠
生活居住区休闲广场
人民公社大礼堂
农家乐
村规民约
建筑、街道、公共空间整治
历史风貌保护建筑
功能置换房屋
公共生活服务征房
村落整治房屋
新建建筑
建筑整治方式
宅前路与院落空间梳理
归"源"田居，余闲养老（肆）——基于养老发展的水源村村庄规划
节点1 · 村庄入口
节点2 · 村庄中心
节点1 · 景观分析
节点1 · 水系分析
节点2 · 动静分析
节点2 · 视点分析

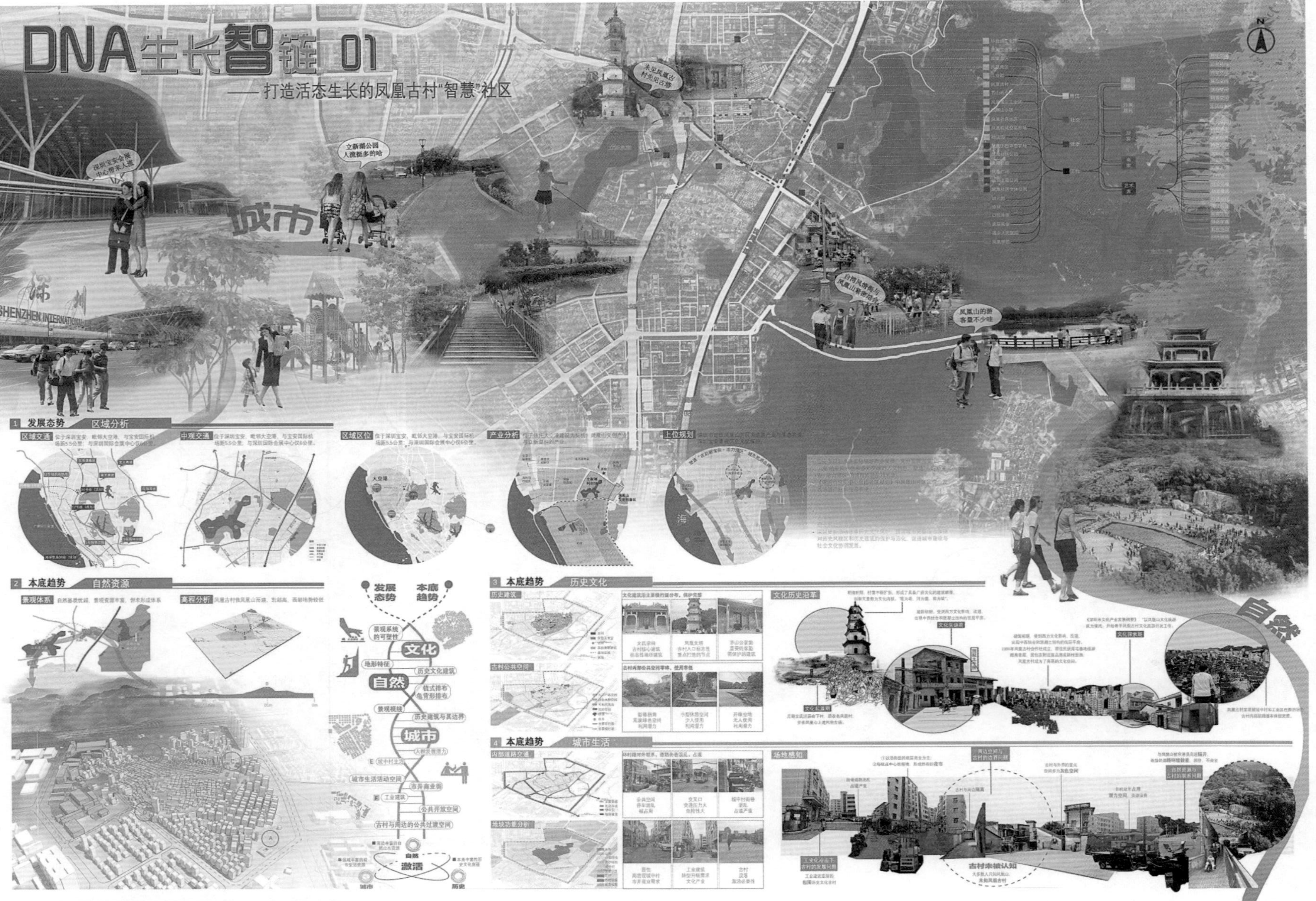
DNA生长智链 01
——打造活态生长的凤凰古村"智慧"社区
未见凤凰古村先见古塔
立新湖公园人流挺多的哈
深圳宝安会展中心想去人流
凤凰山的游客量不少哇
城市
自然
1 发展态势 区域分析
区域交通
中观交通
区域区位
产业分析
上位规划
2 本底趋势 自然资源
景观体系
高程分析
发展态势
本底趋势
景观系统的可塑性
文化
地形特征
历史文化建筑
自然
梳式排布龟背形排布
景观视线
历史建筑与其边界
城市
人群资源潜力
城中村主导
城市生活活动空间
市井商业街
工业建筑
公共开放空间
古村与周边的公共过渡空间
激活
城市
历史
3 本底趋势 历史文化
历史建筑
古村公共空间
文化历史沿革
文化资源
文化演变
4 本底趋势 城市生活
内部道路交通
地块功能分析
场地感知
古村未被认知

# DNA生长智链 02

## ——打造活态生长的凤凰古村"智慧"社区

### 5 Design Framework 设计框架

城市
自然
古村外
古村内
简陋
单一

■场地内外联系弱
■未利用资源优势
■道路混乱，人车混杂
[发展落没失联]

■文化资源独立封闭，资源整合不够
■公共空间对古井古树要素利用不足
■缺少展示与体验历史文化的特色空间载体
[文化失语断层]

■开放公共空间设施简陋，环境质量差
■公共属性用地少，建筑密度过高杂乱
■商业业态单一，缺少特色符号
[功能破碎单一]

[山水村田] [社区升维] [文化延续] 本底优势
场地问题
[发展辐射] [上位规划] 发展态势
活态生长 + 智慧家园
可持续 基础设施 人与自然 社会治理 历史未来 生态环境
目标 策略
DNA生长智链
DNA链（轴带）
元素（功能）
氢键（链接）
催化酶（节点）

### 6 Design Concept 设计概念

人流潜力
文化失语+工业冲击
山水之势
文化孤岛
文化深厚但受冲击，资源丰富但联系薄弱
因势生长
以DAN生长之势，糅数据态势，耦合发展资源，形成链接节点。
DNA
城市生活+自然体验
吸引人流聚集的城市空间
活态发展
依托轴带生长，实现文化高地，活力社区的区域性节点。
活态生长耦合

### 7 Design Strategy 设计策略

**1 串主链** 【大节点对接城市生活和自然，构建两条轴带串联节点与功能。】
DNA 生长链——DNA

**2 激节点** 【沿轴带，小节点横穿古村与周边胸闻，引人进村。】
DNA 生长链——催化酶

**3 组元素** 【承接周边用地和重要景观节点，加强联系。】
DNA 生长链——元素

**4 连氢链** 【激活点状空间，历史文化主题街和城中村商业街】
DNA 生长链——氢键

### 设计大纲

城市生活
自然

### 8 Design Analysis 设计分析

#### 设计说明

基于场地本底与发展态势，结合场地的问题分析，引入DNA螺旋生长之链的概念；以基地为耦合点，连接会展中心、立新湖等城市生活，对接凤凰山森林等自然资源，实现以凤凰古村文化为基底，从城市生活与自然生活的过渡。

通过引入大节点，打开基地，实现对外联系。同时，通过引入自行车环道，实现立新湖——凤凰古村——凤凰山的连接，通过轴带关系将基地的不同功能区块进行联系，通过小节点实现古村与基地内其他功能区的联系对接，最后通过氢键激活点状灰空间，实现轴带上的功能的自由切换。

### 8.1 串主链 ——联系场地内外

打造两条主轴联系场地内外，如鸟瞰图的所示，可以明显识别出主轴。基于场地资源分析，凤凰古村西南侧立新湖已有自行车环湖道，在其东侧的凤凰山森林公园也有其骑行道，并且在森林公园入口有一处自行车游览租赁场地。将两侧的自行车环道通过凤凰古村联系起来，将环道引入凤凰古村，进而激活古村的活力发展。

**策略一：自行车环道**

立新湖 自行车环湖道
凤凰古村 自行车环村道
森林公园 自行车游览车租赁

■自行车道处理策略

自行车道引入到商业步行主街
自行车道穿过建筑（自行车租赁地）
自行车道沿道路
自行车道与绿地的互相融合

自行车道沿道路建设过车行道时自行车道优先
自行车道与绿地的互相融合
自行车道引入到商业步行主街
自行车道穿过游客中心（自行车租赁地）
自行车道与绿地的互相融合

DNA生长智链 03
——打造活态生长的凤凰古村"智慧"社区
8 Design Analysis 设计分析
策略二：界面开放共享
①文塔广场
②入口广场
开放界面
④民宿广场
凤凰山
⑤绿地广场
③公寓广场
视线通廊
美食街
凤凰广场
①文塔广场 保留文塔标志 主要出入口 重要对外节点
②入口广场 打造游客中心 主要出入口 重要对外节点
③公寓广场 打造休闲中心 衔接外界美食街 对外节点
④民宿广场 打造休闲中心 衔接外界凤凰山 对外节点
⑤绿地广场 打造视线通廊 衔接凤凰山大道 对外节点
结构分析图
人流分析图
主要公共空间
硬质活动场地
绿地公园
次级绿化绿地
水池
人流方向
交通道路分析图
地上停车场
地下停车场
地下停车场出入口
主要车行道
自行车道
高速路
周边道路
车行出入口
建筑功能分析图
居住建筑
公寓
民宿
产业办公楼
艺术家办公室
商业
公共建筑
古村保留建筑
平台系统图
工业园
城中村
古塔广场
与凤凰广场对接场景图
凤凰广场
凤凰山大道
粤港澳高速
凤凰山
与凤凰山对接场景图
公寓广场
总平面图
图例
空间设计

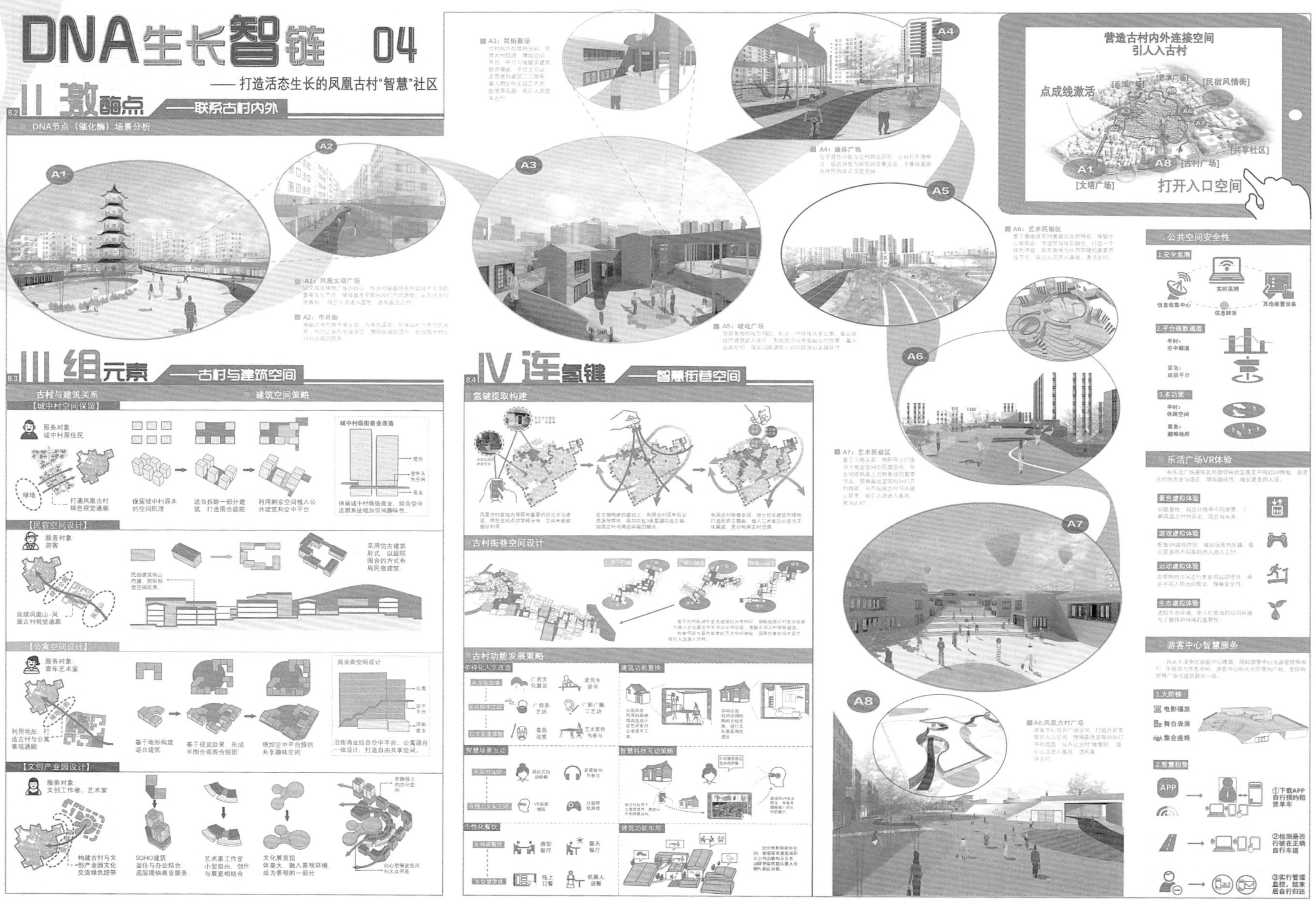

DNA生长智链 04
——打造活态生长的凤凰古村"智慧"社区
8.2 II 激酶点 ——联系古村内外
DNA节点（催化酶）场景分析
A1 A2 A3 A4 A5 A6 A7 A8
A1：凤凰文塔广场
A2：市井街
A3：民俗戏场
A4：康体广场
A5：坡地广场
A6：艺术民宿区
A7：艺术民宿区
A8:凤凰古村广场
营造古村内外连接空间
引入人古村
点成线激活
[民宿风情街]
[共享社区]
[古村广场]
[文塔广场]
打开入口空间
公共空间安全性
1.安全监测
信息收集中心
实时监测
信息转发
其他装置设备
2.平台疏散通道
平时：空中廊道
紧急：疏散平台
3.多功能
平时：休闲空间
紧急：避难场所
乐活广场VR体验
景色虚拟体验
游戏虚拟体验
运动虚拟体验
生态虚拟体验
游客中心智慧服务
1.大阶梯
电影播放
舞台表演
集会座椅
2.智慧租赁
APP
①下载APP 自行预约租赁单车
②检测是否行驶在正确自行车道
③实行管理监控，结束后自行归还
8.3 III 组元素 ——古村与建筑空间
古村与建筑关系
建筑空间策略
【城中村空间保留】
服务对象：城中村原住民
绿地
打通凤凰古村绿色视觉通廊
保留城中村原本的空间肌理
适当拆除一部分建筑，打造围合庭院
利用剩余空间植入公共建筑和空中平台
城中村临街商业改造
保留城中村临街商业，结合空中连廊系统增加空间趣味性。
【民宿空间设计】
服务对象：游客
延续凤凰山-凤凰古村视觉通廊
采用仿古建筑形式，以庭院围合的方式布局民宿建筑。
【公寓空间设计】
服务对象：青年艺术家
利用地形，打造古村与公寓景观通廊
基于地形构建退台建筑
基于视觉效果，形成半围合或围合组团
增加空中平台提供共享趣味空间
商业街空间设计
沿街商业结合空中平台，公寓退台一体设计，打造自由共享空间。
【文创产业园设计】
服务对象：文创工作者、艺术家
构建古村与文创产业园文化交流绿色纽带
SOHO建筑 居住与办公结合 底层提供商业服务
艺术家工作室 小型自由，创作与展览相结合
文化展览馆 体量大，融入景观环境，成为景观的一部分
8.4 IV 连氢键 ——智慧街巷空间
氢键提取构建
古村街巷空间设计
古村功能发展策略
多样化人文改造
建筑功能置换
智慧场景互动
智慧科技互动策略
个性化餐饮
建筑功能布局